U0641491

河北省道地药材
生态适宜性区划

郑玉光　马东来 ◎ 主编

全国百佳图书出版单位
中国中医药出版社
·北京·

图书在版编目（CIP）数据

河北省道地药材生态适宜性区划 / 郑玉光，马东来
主编 . -- 北京：中国中医药出版社，2025. 4
ISBN 978-7-5132-9312-9

Ⅰ. S567

中国国家版本馆 CIP 数据核字第 2025UP3977 号

中国中医药出版社出版

北京经济技术开发区科创十三街 31 号院二区 8 号楼
邮政编码　100176
传真　010 - 64405721
河北品睿印刷有限公司印刷
各地新华书店经销

开本 787 × 1092　1/16　印张 16.5　字数 325 千字
2025 年 4 月第 1 版　2025 年 4 月第 1 次印刷
书号　ISBN 978 - 7 - 5132 - 9312 - 9

定价　128.00 元
网址　www.cptcm.com

服 务 热 线　010-64405510
购 书 热 线　010-89535836
维 权 打 假　010-64405753

微信服务号　zgzyycbs
微商城网址　https://kdt.im/LIdUGr
官 方 微 博　http://e.weibo.com/cptcm
天猫旗舰店网址　https://zgzyycbs.tmall.com

如有印装质量问题请与本社出版部联系（010 - 64405510）
版权专有　侵权必究

《河北省道地药材生态适宜性区划》
编委会

主 编 郑玉光 马东来

副主编 司明东 严玉平 谢晓亮 王杰敏 郑开颜

　　　　　宋永兴 吴 萌 贾毓欣

编 委（按姓氏笔画排序）

　　　　　王 乾 王 硕 王 静 王 蕾 王海洋

　　　　　田 伟 刘爱朋 刘博宇 孙会改 李 斯

　　　　　李世海 李新蕊 杨吉霞 谷 仙 张 丹

　　　　　张亚京 张胜霄 张梓毅 范群凤 封 燮

　　　　　柏 青 段绪红 侯芳洁 郭 慧 温子帅

　　　　　樊伟旭 薛紫鲸

前　言

河北省中药资源种类丰富，种药、用药历史悠久，是我国中药资源产地的重要组成部分。随着野生中药资源被无节制地采挖，大量野生中药资源趋于濒危，我们需要不断加强中药材的人工栽培或仿野生种植，增加中药材产量，从而实现中药资源可持续发展，缓解目前中药资源的供需矛盾。

为了科学开展中药材引种、扩种栽培，合理布局中药材生产区域，我们需要充分考虑中药材的产地环境和道地药材的形成环境，解决药材在非道地产区种植可能出现的生长发育和药效成分积累变化的问题，以降低环境对中药材品质的影响。

本书以满足中药材生产发展实际需求为出发点，突出"诸药所生，皆有其境"，对河北省内60种常见大宗中药材物种的气候、土壤等方面进行深入分析，并探讨其适宜性区划，旨在为河北省中药材规范化生产提供科学依据和理论基础。本书主要介绍河北省道地药材种植情况及产地适宜性分析的研究方法，以及各中药材的来源、生物学特性、种植现状及分布、适宜性区划和价格趋势。本书所收录各中药材的适宜性区划为河北省第四次全国中药资源普查得来的数据，并结合中国医学科学院中药研究所自主研发的中药材产地适宜性分析地理信息系统（geographic information system，GIS），对河北省道地中药材产地适宜性进行多生态因子、多统计方法的定量化与空间化分析，以期指导中药种植及合理布局，改善中药材品质，推动中医药可持续发展。

本书由河北中医药大学药学院和河北省中药炮制技术创新中心的专家学者牵头，联合河北化工医药职业技术学院、河北省农林科学院经济作物研究所、河北省沧州中西医结合医院等单位的专家学者共同编纂。书中疏漏之处，敬请广大读者提出宝贵意见，以便再版时修订。

编者

2025 年 1 月

目 录

第一章

河北省道地药材产业简述

河北省是中医药文化的重要发源地之一，位于其中部的安国市是享誉世界的中药之都，位于其东北部的承德市滦平县在清朝被誉为"皇家药庄"，滦平县还是国药养生的重要发源地之一，有着悠久的道地药材种植历史。

近年来，由于野生中药材资源有限，部分区域的野生中药材被大量采挖，导致部分野生中药材资源趋于濒危。很多中药材种植存在连作障碍，每年都面临药材产区扩大和重新选址等问题。现如今，已经出现的优质中药材资源不能满足临床和中药制剂的需求，急需开发更多适宜种植中药材的区域。

本书基于地理信息系统（GIS），通过分析光照、温度、水分及土壤等生态因子，对河北省常见的大宗中药材物种进行了适宜性区划。开展中药材生态适宜性区划，不仅能够科学指导中药材的引种和规范化栽培选址，实现中药材的合理种植，同时也为河北省中药产业的可持续发展奠定基础。

一、河北省中药材种植简述▼

河北省位于暖温带，同时拥有丰富的湿地资源，地貌类型丰富，兼有山地、丘陵、盆地、平原、高原、湖泊和海滨，生态环境和气候多样，适宜生长的药用植物种类繁多，药材种植历史悠久，药工炮制加工技术纯熟，是诸多药材的传统道地产区。

在悠久的药材生产、经营历史中，河北省各地形成了一批质量优良且稳定的道地药材，如保定市安国市的"八大祁药"（祁菊花、祁山药、祁紫菀、祁沙参、祁薏米、祁芥穗、祁白芷和祁花粉），保定市的西陵知母，邢台市巨鹿县的金银花、枸杞子，承德市的热河黄芩、承德杏仁，邢台市的王不留行、邢枣仁，邯郸市的涉县柴胡，石家庄市的灵寿丹参，秦皇岛市的青龙北苍术、五味子，张家口市的蔚县款冬花，坝上地区的金莲花，等等。另外，伏远志、口防风、白洋淀芦根、兴隆红果、太行连翘、穿山龙、秦艽、黄芪、桔梗等也是河北省的特色优良药材。

河北省内已经形成了一批中药材种植生产地，包括巨鹿县、安国市、隆化县、宽城县、内丘县、青龙县、蠡县、灵寿县、围场县、丰宁县等35个。在河北省内，种植面积达5万亩以上的中药材品种有9个、10万亩以上的中药材品种有4个。此外还有黄芩、酸枣仁和"八大祁药"等20个大宗道地品种，以及黄芪、王不留行、金莲花、款冬花和北苍术等10个占全国产销量60%以上的品种。

二、河北省道地药材发展规划▼

截至2020年10月，第四次全国中药资源普查结果显示，河北省现有药用植物资源共1956种，常年生产收购的中药材有230多种，其中包括黄芩、知母、酸枣仁等大宗道地品种30余种。河北省独特的气候地理环境孕育了丰富的中药资源物种。

河北省地处东经113° 27′～119° 50′和北纬36° 05′～42° 40′，横跨华北、东北两大地区，总面积18.88万平方公里，东与天津市毗连并紧傍渤海，东南部、南部衔山东、河南两省，西倚太行山与山西省为邻，西北部、北部与内蒙古自治区交界，东北部与辽宁省接壤。

河北省地势西北高、东南低，由西北向东南倾斜。其地貌总体特点是高度差别大，地貌类型较为齐全，大地貌单元排列井然有序。其地貌复杂多样，主要有高原、山地、丘陵、盆地、平原和海滨等地貌类型。河北省的地形大致分为3个类型区：①坝上高原，属蒙古高原一部分，地形南高北低，海拔1200～1500m，占河北省总面积的8.5%。②燕山和太行山山地，包括中山山地区、低山山地区、丘陵地区和山间盆地4种地貌类型，占河北省总面积的48.1%。山峰海拔多在2000m以下，其中高于2000m的山峰有10余座。③华北平原区，是华北平原的一部分，按其成因可分为山前冲洪积平原、中部中湖积平原区和滨海平原区3种地貌类型，占河北省总面积的43.4%。河北省中药资源在3个类型区的分布各具特色，呈现有规律的分布。

河北省处于中纬度欧亚大陆东岸，属于中温带、暖温带大陆性季风气候。其特征主要是四季比较分明：春季干旱，风沙较多；夏季炎热多雨；秋季晴朗，寒暖适中；冬季寒冷干燥。河北省内大部分地区的年平均气温为-0.3～14℃，1月平均气温-21～-3℃，且寒冷季节较长，7月平均气温18～27℃，无霜期80～205天，年日照时数2450～3100小时。河北省年降水量350～815mm，省内各地分布不均。河北省张北高原与平原地区是降雨较少的地区，年降水量400mm左右；燕山南麓和太行山东麓是降雨较多的地区，降水量达700～800mm，是河北省降水量最多的地区，其野生中药资源丰富。

根据《2019年河北省中药材产业发展指导意见》，河北省中药种植布局为"两带三区"：①太行山中药材产业带，主要包括涉县、武安市、峰峰矿区、内丘县、信都区、灵寿县、行唐县、井陉县、涞源县和阜平县，发展柴胡、连翘、酸枣仁、王不留行、知母、丹参、紫苏叶、皂角刺等品种，重点打造邢台百里酸枣产业带。②燕山中药材产业带，主要包括滦平县、隆化县、宽城满族自治县、平泉市、兴隆县、承德县、蔚县、赤城县、尚义县和青龙满族自治县，发展黄芩、黄芪、金莲花、北苍术、防风、款冬花、桔梗、苦参、枸杞子、关黄柏等品种。③冀中平原产区，以安国市为中心，重点发展安国八大祁药（祁花粉、祁沙参、祁菊花、祁紫菀、祁白芷、祁山药、祁芥穗、祁薏米）。④冀南平原产区，以巨鹿县为中心，重点发展金银花和枸杞子，打造全国最大的金银花种植基地和集散中心。⑤坝上高原产区，主要包括沽源县、康保县、丰宁满族自治县和围场满族蒙古族自治县，重点发展黄芩、黄芪、金莲花、北苍术、防风、板蓝根等品种。

道地中药材的种植对种质资源和生长环境有着严格的要求。优质的种质资源往往意味着中药材的遗传物质优良，这是其内在品质的基础。经过成百上千年的自然选择，道地药材的遗传物质已逐渐趋于稳定。在适宜道地药材生长的环境下，其特定的海拔、地质地貌、气候、土壤条件使得道地药材相比于其他地方的同种药材长得更好，如热河黄芩、邢枣仁、巨鹿金银花等。然而，近年来部分野生道地中药材被过度开发、生态条件恶化等，导致中药材资源遭到严重破坏，种质资源大量流失，如柴胡、黄芪、防风等。随着人工种植中药材数量的逐年增长，存在的问题也日渐凸显，如药农文化程度低、人工种植过程缺乏科学指导等。为了满足中药材不断增加的市场需求，重要的中药资源需要进行野生变家种或科学的引种、扩种，在这一过程中，最重要的是中药种植地的选址问题。

三、河北省道地药材产地生态适宜性分析▼

1. GIS 核心技术的生态适宜性与区划研究

地理信息系统（GIS）是指在计算机软硬件及网络支持下，应用计算机学、数学、拓扑学、系统工程学、地理学等学科中的理论和方法，按照空间位置对各种基础地理信息进行输入、存储、更新、查询、分析、应用、显示和制图的技术系统。GIS 具有强大的空间分析功能和数据管理能力，已被广泛应用于精准农业、土地利用和国土资源动态监测中。中国医学科学院药用植物研究所与中国测绘科学研究院、中国药材集团公司合作研发了"中药材产地适宜性分析地理信息系统"（TCMGIS），引入 GIS，并将地理信息学、气象学、土壤学、生态学、中药资源学等多学科的理论和方法有机结合，应用于中药材产地生态适宜性分析和数值区划。研究学者可利用该系统的整合数据库进行药用植物采样点的分析提取，针对药用植物生长发育特点，获得适宜其生长的各主要气候因子阈值及土壤类型，并据此计算分析，得到适宜药用植物生长的区划，最终以可视化地图的方式呈现。

2. 基础地理信息数据库

基础地理信息数据库来源于"中药资源空间信息网格数据库",作者为黄璐琦、郭兰萍和朱寿东,比例尺为 1 : 6000 万,投影为 WGS-84 地理坐标系,包括①地形数据:包含分辨率 1000m 的海拔、坡度和坡向数据。②气候类型数据:根据 1950 ~ 2000 年的气象观测数据插值而成,包含有 12 个月的降水量和平均气温,以及 19 个综合气候因子,分辨率为1000m。③土壤类型数据:根据第二次全国土地调查提供的《1 : 100 万中华人民共和国土壤图》(1995 年编制)制成。该数据库可为建模者提供模型输入参数,可用于研究生态农业分区、粮食安全和气候变化等,其中采用的土壤分类系统主要为 FAO-90。

3. 第四次全国中药资源普查数据

根据《全国中药资源普查技术规范》的技术要求,河北省第四次全国中药资源普查工作组组织了千余人的调查队伍,对河北省内的 112 个县级行政区划单元开展了中药资源调查,实现了调查范围全覆盖。在此次资源普查工作中,普查小组共调查野生中药资源品种 1910种,有蕴藏量的中药资源品种 695 种,野外重点调查中药资源品种 107 种;共上交中药资源腊叶标本 2304 种 24352 份、药材标本 643 种 7274 份、种子 1087 种 7046 份;共上传国家数据库照片 666034 张;共发现省级新记录 24 种。河北省全省常年种植中药材 120 种,种植面积 233.8 万亩,野生抚育面积 100 万亩,药材总产量 100 万吨以上,产值 100 亿元以上。河北省第四次全国中药资源普查工作组根据各县级普查队汇交到"全国中药资源普查信息管理系统"中的数据信息进行中药资源种类名录的整理,对河北省代表性区域特色中药资源保护与可持续利用开展研究。

4. 数据分析

Maxent 模型(maximum entropy model,最大熵模型)是一种基于最大熵理论(the theory of maximum entropy)提出的生态位模型(ecological niche modeling)。最大熵理论由杰恩斯(Jaynes)在 1957 年提出,该理论认为,在一定的已知条件下,熵最大的事物最为接近其真实状态。这一理论在生态学中描述为,物种在没有约束的情况下,会尽可能地扩散,以接近均匀分布。最大熵模型起源于信息科学,是统计物理学研究的重要内容,在生物学、地质学、金融学等领域都有成功的应用,近些年来被广泛应用到生态领域中。该模型能够根据已有的物种分布记录和环境变量数据分析物种的生态位需求,通过数学模型模拟该物种的生境适宜度,再对目标区域栅格点的环境数据进行计算,得出该栅格点该物种存在的概率,判断所预测物种是否可能分布,再投影到地理空间中,预测物种的潜在地理分布情况。

参考文献

［1］赵军宁，华桦，戴瑛，等．道地药材药理学与道地药材标准构建新思路［J］．中国中药杂志，2020，45（4）：709-714.

［2］鲍超群，宋欣阳，金阿宁，等．道地药材与中药全球引种悖论［J］．中华中医药杂志，2020，35（9）：4299-4303.

［3］刘方舟，杨阳，李萌，等．道地药材产地沿革生态地图共享数据库构建研究［J］．医学信息学杂志，2020，41（3）：35-38.

［4］康传志，吕朝耕，黄璐琦，等．基于区域分布的常见中药材生态种植模式［J］．中国中药杂志，2020，45（9）：1982-1989.

［5］黄林芳，张翔，陈士林．道地药材品质生态学研究进展［J］．世界科学技术－中医药现代化，2019，21（5）：844-853.

［6］彭建文．中药材栽培生产存在的问题与发展对策［J］．农业与技术，2019，39（24）：102-103.

［7］孟祥才，沈莹，杜虹韦．道地药材概念及其使用规范的探讨［J］．中草药，2019，50（24）：6135-6141.

［8］何冬梅，王海，陈金龙，等．中药微生态与中药道地性［J］．中国中药杂志，2020，45（2）：290-302.

［9］李梦，侯旭粲，张宪宝，等．道地药材生长环境数据库的构建［J］．中国中药杂志，2019，44（14）：3010-3014.

［10］郝丹丹，黄璐琦，袁媛，等．数量分类方法在道地药材及其产区特征研究中的应用［J］．中国中药杂志，2019，44（17）：3633-3636.

［11］沈亮，孟祥霄，黄林芳，等．药用植物全球产地生态适宜性研究策略［J］．世界中医药，2017，12（5）：961-968.

第二章

根及根茎类

CYNANCHI ATRATI RADIX ET RHIZOMA

图 2-1-1　白薇植物图

一、来源▼

白薇为萝藦科植物白薇 *Cynanchum atratum* Bunge 的干燥根茎。春、秋二季采挖，洗净，干燥。《中华人民共和国药典》2020 年版（一部）收载。

二、形态特征▼

白薇为直立多年生草本，高可达 50cm。根须状，有香气。叶片卵形或卵状长圆形，长

5～8cm，宽3～4cm，顶端渐尖或急尖，基部圆形，两面均被有白色茸毛，特别以叶背及脉上为密；侧脉6～7对。伞形状聚伞花序，无总花梗，生在茎的四周，着花8～10朵；花深紫色，直径约10mm；花萼外面有茸毛，内面基部有小腺体5个；花冠辐状，外面有短柔毛，并具缘毛；副花冠5裂，裂片盾状，圆形，与合蕊柱等长，花药顶端具1圆形的膜片；花粉块每室1个，下垂，长圆状膨胀；柱头扁平。蓇葖单生，向端部渐尖，基部钝形，中间膨大，长9cm，直径5～10mm；种子扁平；种毛白色，长约3cm。花期4～8月，果期6～8月。

三、生物学特性▼

白薇适宜生长在草丛、草坡、干旱荒地、灌丛、海岸沙滩、河边、林缘路边、林中草甸、山谷溪边林、山坡草丛、山坡草甸、山坡疏林、疏林、溪边，喜温和湿润的气候。种植白薇以排水良好、肥沃、土层深厚、富含腐殖质的沙壤土或壤土为宜。白薇通常生长在海拔100～1800m的河边、干荒地、草丛中，以山沟、林下草地中常见。

四、种植现状及分布▼

我国白薇的分布区域主要集中在河北、黑龙江、吉林、辽宁、山东、河南、陕西、山西等地。

河北省内的白薇栽培区域主要分布在秦皇岛市的抚宁区，唐山市的遵化市、迁安市，邯郸市的峰峰矿区等地。

五、适宜性区划▼

（一）适宜性评价指标体系

1. 对温度的适宜性

最冷季的平均温变化范围为-17～1℃时，白薇的生境适宜度随温度升高而增加；在1℃及以上时其生境适宜度最佳。昼夜温差月均值变化范围在9.5～12.1℃时，其生境适宜度随昼夜温差月均值升高而增加，而后稍有下降，即在12.1℃时其生境适宜度最佳。

2. 对水分的适宜性

年平均降水量在300～740mm时，白薇的生境适宜度随降水量增加而增加；在740mm以上时，其生境适宜度最佳并保持不变。最暖季降水量在低于470mm时，其生境适宜度较高；高于470mm时，其生境适宜度逐渐下降。

3. 对海拔的适宜性

海拔在 600m 以下时，白薇的生境适宜度较高；超过 600m 时，其生境适宜度较低，且恒定不变。

4. 对植被类型的适宜性

白薇在植被类型为两年三熟或一年两熟的旱作和落叶果树园，以及一年一熟的粮食作物、耐寒经济作物和落叶果树园中，有较高生境适宜度；温带针叶林次之；其他植被类型对其生境适宜度影响不大。

（二）生态适宜性评价

根据环境因子及相关数据，采用 Maxent 模型预测白薇生态适宜分布区，利用 GIS 技术将其表现出来。白薇在河北省区域内的生态适宜区主要分布在秦皇岛市的北戴河区、抚宁区、卢龙县，邢台市的隆尧县、柏乡县，唐山市的遵化市、迁西县等地；次适宜区主要分布在保定市的安国市、蠡县，邢台市的巨鹿县、信都区等地。

六、价格波动▼

白薇的价格在 2019 年 1 月至 2020 年 6 月稳定在 50 ～ 51 元 / 千克；2020 年 6 月，价格陡降至 40 元 / 千克，而后持续下降；2021 年 5 月，价格下降至 33 元 / 千克；2021 年 12 月，价格回升至 38 元 / 千克并保持稳定；2023 年 5 月，价格小幅上升至 42 元 / 千克并保持稳定，直至 2023 年末。

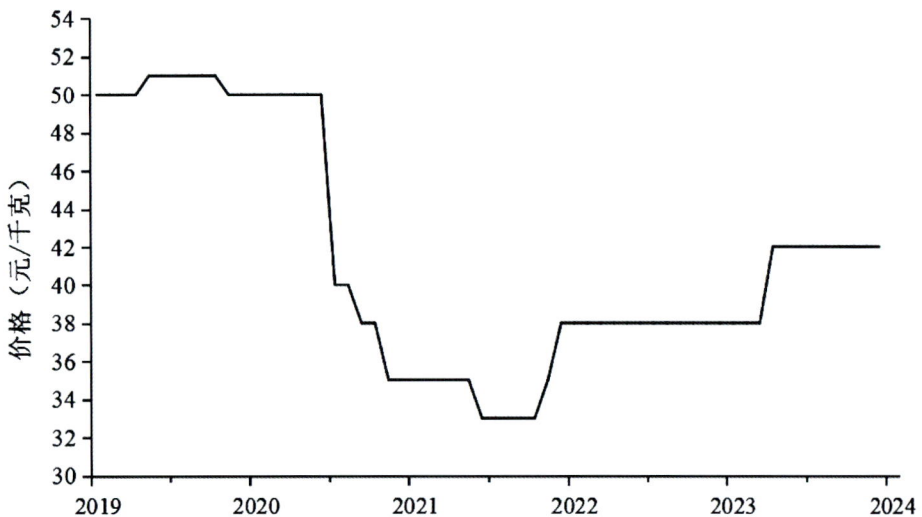

图 2-1-2　白薇价格波动曲线图

参考文献

［1］姜丽.白薇种植技术及效益分析［J］.特种经济动植物，2020，23（9）：26-27.

［2］李振宇.辽东山区野生白薇人工繁育及林下栽培技术［J］.基层农技推广，2020，8（5）：94-95.

［3］洪稳稳，杨青山，周建理.白薇及其混伪品的鉴别［J］.安徽中医药大学学报，2019，38（6）：73-76.

［4］宁广亮，何亮，关宇琳，等.白薇种植技术与效益分析［J］.中国林副特产，2019（5）：59-61.

［5］郑金双，李晓丽，武娅歌，等.盐胁迫对白薇种子萌发的影响［J］.河北科技师范学院学报，2017，31（4）：9-16.

［6］常安，许亮，杨燕云，等.白薇及其伪品潮风草的鉴别［J］.中药材，2015，38（12）：2527-2530.

图 2-2-1　白芷植物图

一、来源▼

白芷为伞形科植物白芷 Angelica dahurica（Fisch.ex Hoffm.）Benth.et Hook.f. 或杭白芷 Angelica dahurica（Fisch.ex Hoffm.）Benth.et Hook.f.var.formosana（Boiss.）Shan et Yuan 的干燥根。夏、秋间叶黄时采挖，除去须根和泥沙，晒干或低温干燥。《中华人民共和国药典》2020 年版（一部）收载。

二、形态特征▼

白芷为多年生高大草本，高 1 ～ 2.5m。根圆柱形，有分枝，径 3 ～ 5cm，外表皮黄褐色至褐色，有浓烈气味。茎基部径 2 ～ 5cm，有时可达 7 ～ 8cm，通常带紫色，中空，有纵长沟纹。基生叶一回羽状分裂，有长柄，叶柄下部有管状抱茎边缘膜质的叶鞘；茎上部叶二至三回羽状分裂，叶片轮廓为卵形至三角形，长 15 ～ 30cm，宽 10 ～ 25cm，叶柄长至 15cm，下部为囊状膨大的膜质叶鞘，无毛或稀有毛，常带紫色；末回裂片长圆形，卵形或线状披针形，多无柄，长 2.5 ～ 7cm，宽 1 ～ 2.5cm，急尖，边缘有不规则的白色软骨质粗锯齿，具短尖头，基部两侧常不等大，沿叶轴下延成翅状；花序下方的叶简化成无叶的、显著膨大的囊状叶鞘，外面无毛。复伞形花序顶生或侧生，直径 10 ～ 30cm，花序梗长 5 ～ 20cm，花序梗、伞辐和花柄均有短糙毛；伞辐 18 ～ 40，中央主伞有时伞辐多至 70；总苞片通常缺或有 1 ～ 2，成长卵形膨大的鞘；小总苞片 5 ～ 10，线状披针形，膜质，花白色；无萼齿；花瓣倒卵形，顶端内曲成凹头状；子房无毛或有短毛；花柱比短圆锥状的花柱基长 2 倍。果实长圆形至卵圆形，黄棕色，有时带紫色，长 4 ～ 7mm，宽 4 ～ 6mm，无毛，背棱扁，厚而钝圆，近海绵质，远较棱槽为宽，侧棱翅状，较果体狭；棱槽中有油管 1，合生面油管 2。花期 7 ～ 8 月，果期 8 ～ 9 月。

三、生物学特性▼

白芷常生长于林下、林缘、溪旁、灌丛及山谷地中，河北省内各地多栽培以供药用。白芷喜温和湿润的气候及阳光充足的环境，能耐寒，生长于海拔 200 ～ 1500m 的地区。

四、种植现状及分布▼

我国白芷的分布区域主要集中在河北、河南、四川、浙江、湖南、湖北、江西、江苏、安徽等地。

河北省内的白芷栽培区域主要分布在邢台市的内丘县，保定市的阜平县、博野县、安国市，石家庄市的行唐县，邯郸市的大名县，张家口市的沽源县，承德市的平泉市，衡水市的枣强县等地。

五、适宜性区划▼

（一）适宜性评价指标体系

1. 对温度的适宜性

当年平均温度变化范围在 24 ～ 27.5℃时，其生境适宜度随着温度升高而增加；在 27.6 ～ 30.5℃时其生境适宜度达到最大值；在 30.6 ～ 31℃时，其生境适宜度随着温度升高而减少。适宜白芷生长的年平均温度在 30.5℃以下。

2. 对水分的适宜性

年平均降水量在 320 ～ 470mm 时，白芷的生境适宜度随年均降水量的增加而减少；在 320mm 以下时，其生境适宜度较高。最湿月降水量在 88 ～ 230mm 时，白芷的生境适宜度随降水量的增加而减少；在 231 ～ 255mm 时，其生境适宜度随降水量的增加而增加。最冷季降水量在 12mm 以上时，其生境适宜度较高。

3. 对海拔的适宜性

在海拔 2548m 以下时，白芷的生境适宜度随海拔的升高而增加，海拔 2548m 时其适宜度达到最佳；海拔高于 2548m 后，其生境适宜度不再随海拔的变化而变化。

4. 对土壤类型的适宜性

白芷在饱和疏松岩性土、潜育高活性淋溶土等土壤类型下有较高的生境适宜度；黑色石灰薄层土、石灰性雏形土等土壤类型次之；石灰性冲积土、简育栗钙土类型则不适合白芷生长；其他土壤类型对白芷的生境适宜度影响不大。

（二）生态适宜性评价

根据环境因子及相关数据，采用 Maxent 模型预测白芷生态适宜分布区，利用 GIS 技术将其表现出来。白芷在河北省区域内的生态适宜区主要分布在保定市的安国市、阜平县、涞源县，石家庄市平山县、井陉县、深泽县等地；次适宜区主要分布在石家庄市的藁城区、赞皇县，邢台市的临城县、内丘县等地。

六、价格波动▼

白芷的价格在 2019 年 1 月至 2021 年 6 月稳定在 7 元 / 千克上下；2021 年 10 月，价格小幅上升至 13 元 / 千克并基本保持稳定；2022 年 10 月，价格小幅下降至 11 元 / 千克；2023

年 1 月，价格陡升 25 元 / 千克；2023 年 8 月至 9 月，价格下降至 22 元 / 千克；2023 年末，价格回升至 26 元 / 千克。

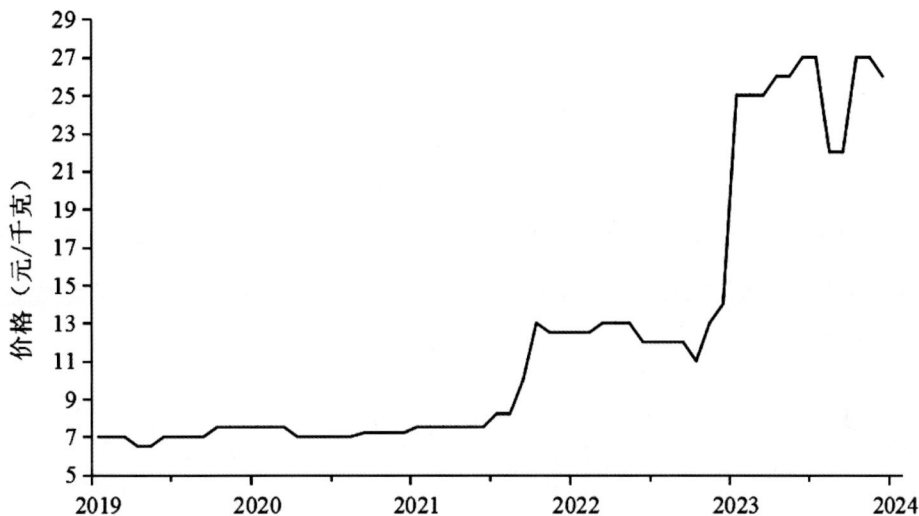

图 2-2-2　白芷价格波动曲线图

参考文献

［1］郭小红，冷静，刘霞，等 . 白芷研究进展及地上部分资源开发展望［J］. 中医药导报，2018，24（18）：54-57.

［2］李钰，孟祥霄，杨晓，等 . 白芷无公害规范化种植技术［J］. 世界中医药，2020，15（21）：3232-3238.

［3］王艺涵，赵佳琛，翁倩倩，等 . 经典名方中白芷的本草考证［J］. 中国现代中药，2020，22（8）：1320-1330.

［4］贾全全，黄丽莉，杨春霞，等 . 白芷在红壤丘陵区栽培适应性研究［J］. 中药材，2019，42（1）：22-24.

［5］赵东岳，郝庆秀，金艳，等 . 白芷生物学特性及栽培技术研究进展［J］. 中国现代中药，2015，17（11）：1188-1192.

［6］刘国信 . 白芷的栽培［J］. 农家之友，2012（6）：47.

第二章　根及根茎类

ATRACTYLODIS MACROCEPHALAE RHIZOMA

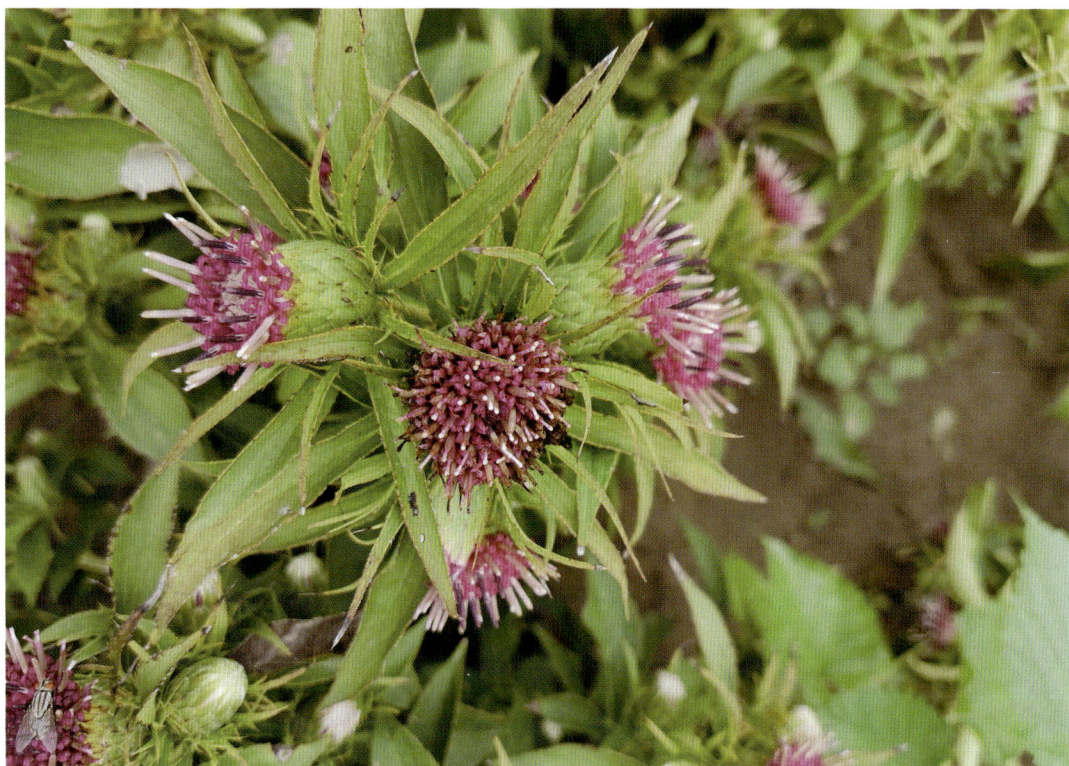

图 2-3-1 白术植物图

一、来源▼

白术为菊科植物白术 *Atractylodes macrocephala* Koidz. 的干燥根茎。冬季下部叶枯黄、上部叶变脆时采挖，除去泥沙，烘干或晒干，再除去须根。《中华人民共和国药典》2020 年版（一部）收载。

二、形态特征▼

白术为多年生草本，高 20 ～ 60cm，根状茎结节状。茎直立，通常自中下部长分枝，全部光滑无毛。中部茎叶有长 3 ～ 6cm 的叶柄，叶片通常 3 ～ 5 羽状全裂，极少夹杂不裂而叶为长椭圆形的。侧裂片 1 ～ 2 对，倒披针形、椭圆形或长椭圆形，长 4.5 ～ 7cm，宽 1.5 ～ 2cm；顶裂片比侧裂片大，倒长卵形、长椭圆形或椭圆形；自中部茎叶向上向下，叶渐小，与中部茎叶等样分裂，接花序下部的叶不裂，椭圆形或长椭圆形，无柄；或大部茎叶不裂，但总夹杂有 3 ～ 5 羽状全裂的叶。全部叶质地薄，纸质，两面绿色，无毛，边缘或裂片边缘有长或短针刺状缘毛或细刺齿。头状花序单生茎枝顶端，植株通常有 6 ～ 10 个头状花序，但不形成明显的花序式排列。苞叶绿色，长 3 ～ 4cm，针刺状羽状全裂。总苞大，宽钟状，直径 3 ～ 4cm。总苞片 9 ～ 10 层，覆瓦状排列；外层及中外层长卵形或三角形，长 6 ～ 8mm；中层披针形或椭圆状披针形，长 11 ～ 16mm；最内层宽线形，长 2cm，顶端紫红色。全部苞片顶端钝，边缘有白色蛛丝毛。小花长 1.7cm，紫红色，冠檐 5 深裂。瘦果倒圆锥状，长 7.5mm，被顺向顺伏的稠密白色的长直毛。冠毛刚毛羽毛状，污白色，长 1.5cm，基部结合成环状。花果期 8 ～ 10 月。

三、生物学特性▼

白术喜凉爽气候，怕高温高湿环境，以排水良好、土层深厚的微酸性、碱性土壤，以及轻黏土种植为好。在平原地区种植白术要选土质疏松、肥力中等的地块，若土壤过肥，幼苗生长过旺，易当年抽薹开花，影响药用质量。在山区种植白术可选择土层较厚、有一定坡度的土地。种植白术的前茬最好是禾本科作物，不宜选择烟草、花生、油菜等作物的茬地，否则易发生病害。

四、种植现状及分布▼

我国白术的分布区域主要集中在江苏、河北、浙江、福建、江西、安徽、四川、湖北及湖南等地。

河北省内的白术栽培区域主要分布在保定市的安国市、望都县、雄县，张家口市的康保县，秦皇岛市的抚宁区，石家庄市的正定县、新乐市、平山县，邯郸市的大名县、邱县，邢台市的内丘县等地。

五、适宜性区划▼

（一）适宜性评价指标体系

1. 对温度的适宜性

最湿季平均温变化范围在 11 ～ 27℃时，白术生境适宜度随着温度升高而增加；在 27℃

时达到最大值，随后保持恒定。最干季平均温变化范围在 –17～2℃时，白术生境适宜度随着温度升高而增加；在 2℃时达到最大值，随后保持恒定。

2. 对水分的适宜性

最冷季降水量在 6～12.5mm 时，白术生境适宜度随着降水量增加而增加；在 12.5mm 时达到最大值；在 12.5～28mm 时，其生境适宜度随着降水量增加而减少，随后保持恒定。最湿季降水量在 220～350mm 时，其生境适宜度随着降水量增加而增加；在 350～520mm 时，其生境适宜度随着降水量增加而减少，随后保持恒定。

3. 对植被类型的适宜性

白术在两年三熟或一年两熟的旱作和落叶果树园，以及一年一熟的粮食作物、耐寒经济作物和落叶果树园等植被类型下有较高的生境适宜度；温性草原化荒漠草地等植被类型次之；其他植被类型对其生境适宜度影响不大。

4. 对土壤类型的适宜性

白术在简育砂性土、城镇工矿区等土壤类型下有较高的生境适宜度；黑色石灰薄层土、简育栗钙土等土壤类型次之；石灰性冲积土、不饱和变性土则不适合其生长；其他土壤类型对其生境适宜度影响不大。

（二）生态适宜性评价

根据环境因子及相关数据，采用 Maxent 模型预测白术生态适宜分布区，利用 GIS 技术将其表现出来。白术在河北省区域内的生态适宜区主要分布在保定市的安国市、望都县，定州市，石家庄市的正定县、灵寿县、元氏县，邢台市的临城县、内丘县，邯郸市的武安市等地；次适宜区主要分布在石家庄市的行唐县、灵寿县，邢台市的巨鹿县、隆尧县等地。

六、价格波动▼

白术的价格在 2019 年 1 月至 2020 年 11 月从 15 元 / 千克逐渐下降至 9 元 / 千克；2021 年 8 月，价格回升至 10.5 元 / 千克；2021 年 9 月，价格小幅上升至 18 元 / 千克；2021 年 10 月至 2023 年 2 月，价格阶梯式降低至 10 元 / 千克；2023 年 3 月至 9 月，价格大幅度上升至 55 元 / 千克；到 2023 年末，价格维持在 52 元 / 千克。

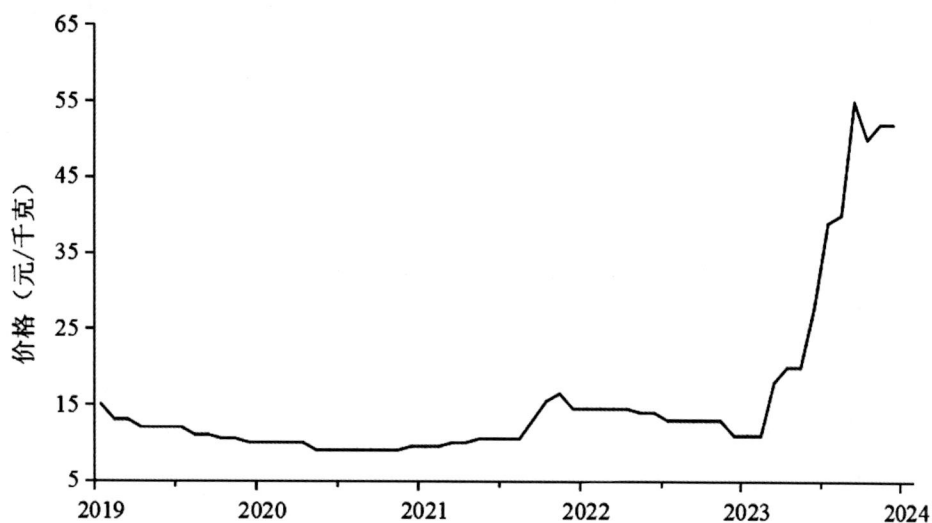

图 2-3-2　白术价格波动曲线图

参考文献

［1］王泽，阙灵，王雪，等.经典名方中白术的本草考证［J］.中国食品药品监管，2020（7）：100-106.

［2］熊鹏飞，郑昕，李金玲，等.不同连作年限对白术光合生理特性的影响［J］.江苏农业科学，2017，45（8）：121-126.

［3］谭喆天，王浩，朱寿东，等.基于气候因子的白术生态适宜性区划研究［J］.中国中药杂志，2015，40（21）：4171-4176.

［4］谭喆天，黄璐琦，李国川，等.基于地形因子的白术生态适宜性区划研究［J］.中国中药杂志，2014，39（23）：4566-4570.

［5］张建逵，窦德强，王冰，等.白术的本草考证［J］.时珍国医国药，2013，24（9）：2222-2224.

［6］姚兆敏，汪电雷，黄和平，等.祁术种质资源现状及其保护对策［J］.安徽农学通报，2018，24（7）：80-81&100.

［7］申晓村，王旺来，黄国志.蕲春县白术种植气候区划［J］.科技信息，2013（6）：509.

［8］彭伟.白术地上部分和浙贝母花的资源利用［D］.上海：中国人民解放军海军军医大学，2010.

Banlangen **板蓝根**

ISATIDIS RADIX

图 2-4-1　菘蓝植物图

一、来源▼

板蓝根为十字花科植物菘蓝 *Isatis indigotica* Fort. 的干燥根。秋季采挖，除去泥沙，晒干。《中华人民共和国药典》2020 年版（一部）收载。

二、形态特征▼

菘蓝为乔木，高 8 ～ 20m，除花外，均无毛，具乳汁。树皮深灰色；小枝棕褐色，具皮孔。叶膜质，长圆状披针形或狭椭圆形至椭圆形，稀卵圆形，顶端渐尖至尾状渐尖，基部楔形，长 7 ～ 18cm，宽 2.5 ～ 8cm，无毛；叶脉在叶面扁平，在叶背略凸起，侧脉每边 5 ～ 9（稀 11）条，干后呈缝纫机轧孔状的皱纹；叶柄长 5 ～ 7mm。花白色或淡黄色，多朵组成顶生聚伞花序，长 6cm，宽 8cm；总花梗长 1cm，无毛至有微柔毛；花梗长 1.0 ～ 1.5cm，无毛至有微柔毛；苞片小；花萼短而厚，裂片比花冠筒短，卵形，长 1mm，顶端钝或圆，内面基部有卵形腺体；花冠漏斗状，花冠筒长 1.5 ～ 3mm，裂片椭圆状长圆形，长 5.5 ～ 13.5mm，宽 3 ～ 4mm，具乳头状凸起；副花冠分裂为 25 ～ 35 鳞片，呈流苏状，鳞片顶端条裂，基部合生，被微柔毛；雄蕊着生在花冠筒顶端，花药被微柔毛，长 5mm；子房由 2 枚离生心皮组成，无毛，花柱丝状，向上逐渐增大，柱头头状。蓇葖 2 个离生，圆柱状，顶部渐尖，长 20 ～ 35cm，直径 7mm，外果皮具斑点；种子线状披针形，长 1.5 ～ 2cm，顶端具白色绢质种毛；种毛长 2 ～ 4cm。花期 4 ～ 8 月，果期 7 月至翌年 3 月。

三、生物学特性▼

菘蓝是深根植物，适应性很强，对自然环境和土壤要求不严，耐寒、喜温暖，宜种植在土壤深厚、疏松、肥沃的沙壤土中；忌低洼地，易烂根，故雨季注意排水。

四、种植现状及分布▼

我国菘蓝的分布区域主要集中在河北、内蒙古、陕西、甘肃、山东、江苏、浙江、安徽、贵州等地。

菘蓝在河北省内的栽培区域主要分布在保定市的安国市、阜平县、雄县、涞源县，唐山市的迁安市，邢台市的内丘县，承德市的隆化县、围场满族蒙古族自治县，张家口市的尚义县、康保县、蔚县、阳原县，邯郸市的磁县、邱县，石家庄市的平山县，唐山市的丰南区等地。

五、适宜性区划▼

（一）适宜性评价指标体系

1. 对温度的适宜性

昼夜温差月均值变化范围为 12.7℃以下时，菘蓝的生境适宜度较高；在 12℃时，其生境适宜度最高。最冷季平均温变化范围为 –17 ~ –1℃时，其生境适宜度随温度升高而增加；在 –1℃及以上时，其生境适宜度最高且保持恒定。

2. 对水分的适宜性

最暖季降水量在 220 ~ 340mm 时，菘蓝的生境适宜度随降水量增加而增加；在 340 ~ 470mm 时，其生境适宜度最佳且保持恒定；在 470 ~ 520mm 时，其生境适宜度稍有下降，随后保持不变。年平均降水量在 340 ~ 740mm 时，其生境适宜度随降水量的增加而增加；在 740mm 时，其生境适宜度达到最大值，随后保持不变。

3. 对海拔的适宜性

海拔在 0 ~ 200m 时，菘蓝的生境适宜度较高；超过 200m 后，其生境适宜度随海拔升高而减少。

4. 对土壤类型的适宜性

菘蓝在饱和薄层土、艳色高活性淋溶土等土壤类型下，有较高生境适宜度；在石灰性雏形土等土壤类型下次之；其他土壤类型对其生境适宜度影响不大。

（二）生态适宜性评价

根据环境因子及相关数据，采用 Maxent 模型预测菘蓝生态适宜分布区，利用 GIS 技术将其表现出来。菘蓝在河北省区域内的适宜区主要分布在秦皇岛市的抚宁区、卢龙县，唐山市的迁安市、遵化市等地；次适宜区主要分布在保定市的徐水区、满城区、易县，以及石家庄市的行唐县、灵寿县、赵县等地。

六、价格波动▼

板蓝根的价格在 2019 年 1 月至 2020 年 3 月由 8 元 / 千克大幅上升至 24 元 / 千克；2020 年 4 月至 2021 年 1 月，价格大幅下降至 10 元 / 千克；2021 年 12 月，价格回升至 14 元 / 千克；2022 年 10 月，价格小幅下降至 10 元 / 千克；2023 年 1 月，价格陡升至 21 元 / 千克；2023 年 3 月至 12 月，价格有小幅度波动。

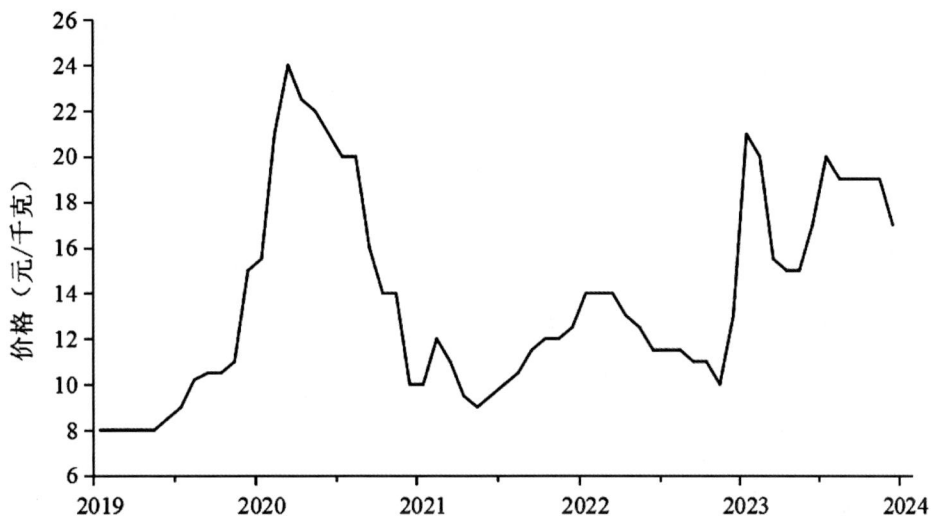

图 2-4-2　板蓝根价格波动曲线图

参考文献

[1] 陈娜，左鹏博 . 庆阳市西峰区板蓝根生产技术要点 [J] . 农业科技与信息，2020（21）：58-59.

[2] 王云超 . 板蓝根的用途和栽培技术 [J] . 新农业，2020（20）：41.

[3] 帅媛媛，贺美忠 . 板蓝根常发病虫害的分析与防治 [J] . 农业技术与装备，2020（10）：146-147.

[4] 杨薇靖，陈玉，徐清，等 . 不同种类叶面肥对板蓝根喷施效果影响研究 [J] . 现代农业，2020（9）：4-5.

[5] 龙巡 . 板蓝根的栽培管理及病虫害防治技术 [J] . 江西农业，2020（10）：28-29.

[6] 赵文龙，晋玲，王惠珍，等 . 板蓝根药材品质区划研究 [J] . 中国中药杂志，2017，42（22）：4414-4418.

第二章　根及根茎类

Banxia 半夏

PINELLIAE RHIZOMA

图 2-5-1　半夏植物图

一、来源▼

半夏为天南星科植物半夏 *Pinellia ternata*（Thunb.）Breit. 的干燥块茎。夏、秋二季采挖，洗净，除去外皮和须根，晒干。《中华人民共和国药典》2020 年版（一部）收载。

二、形态特征▼

半夏为块茎圆球形，直径 1～2cm，具须根。叶 2～5 枚，有时 1 枚。叶柄长 15～20cm，基部具鞘，鞘内、鞘部以上或叶片基部（叶柄顶头）有直径 3～5mm 的珠芽，珠芽在母株上萌发或落地后萌发；幼苗叶片卵状心形至戟形，为全缘单叶，长 2～3cm，宽 2～2.5cm；老株叶片 3 全裂，裂片绿色，背淡，长圆状椭圆形或披针形，两头锐尖，中裂片长 3～10cm，宽 1～3cm；侧裂片稍短；全缘或具不明显的浅波状圆齿，侧脉 8～10 对，细弱，细脉网状，密集，集合脉 2 圈。花序柄长 25～30（～35）cm，长于叶柄。佛焰苞绿色或绿白色，管部狭圆柱形，长 1.5～2cm；檐部长圆形，绿色，有时边缘青紫色，长 4～5cm，宽 1.5cm，钝或锐尖。肉穗花序，雌花序长 2cm，雄花序长 5～7mm，其中间隔 3mm；附属器绿色变青紫色，长 6～10cm，直立，有时"S"形弯曲。浆果卵圆形，黄绿色，先端渐狭为明显的花柱。花期 5～7 月，果 8 月成熟。

三、生物学特性▼

半夏适应性很强，主要生长于海拔 2500m 以下的地区，常见于草坡、荒地、玉米地、田边或疏林下，是旱地的常见杂草。

四、种植现状及分布▼

我国半夏的分布区域主要集中在黑龙江、吉林、辽宁、河北、山东、山西、河南、陕西、宁夏、甘肃、江苏、安徽、浙江、台湾及云南等地。

河北省内的半夏栽培区域主要分布在邢台市的柏乡县、保定市的安国市、石家庄市的新乐市等地。

五、适宜性区划▼

（一）适宜性评价指标体系

1. 对温度的适宜性

最冷季的平均温变化范围在 9.6℃以上时，半夏的生境适宜度较高。昼夜温差月均值变化范围在 9.6 ～ 11℃时，其生境适宜度随温度升高而增加；在 11 ～ 12℃时，其生境适宜度达到最高且保持恒定，随后稍有下降，至 14.1℃后保持恒定。等温性变化范围在 21 ～ 31℃时，其生境适宜度随温度升高而减少，随后保持恒定。

2. 对水分的适宜性

最湿月降水量在 100 ～ 250mm 时，半夏的生境适宜度随降水量的增加而减少。最冷季降水量在 6 ～ 12.1mm 时，其生境适宜度随降水量的增加而增加；在高于 12.1mm 时达到最大，随后保持恒定。最暖季降水量在 220 ～ 450mm 时，其生境适宜度随降水量的增加而增加，随后稍有下降，直至 520mm 后保持恒定。

3. 对海拔的适宜性

海拔在 0 ～ 2500m 时，半夏的生境适宜度随海拔升高而减少；超过 2500m 后，其生境适宜度较低，且恒定不变。

4. 对土壤类型的适宜性

半夏在松软薄层土、城镇工矿区等土壤类型下有较高的生境适宜度；暗色火山灰土、石灰性冲积土等土壤类型次之；其他土壤类型对其生境适宜度影响不大。

（二）生态适宜性评价

根据环境因子及相关数据，采用 Maxent 模型预测半夏生态适宜分布区，利用 GIS 技术将其表现出来。半夏在河北省区域内的生态适宜区主要分布在承德市的双滦区、隆化县，秦皇岛市的昌黎县，保定市的安国县、望都县、清苑区等地；次适宜区主要分布在石家庄市的正定县、行唐县、元氏县，沧州市的肃宁县、献县等地。

六、价格波动▼

半夏的价格在 2019 年 1 月至 10 月稳定在 105 元 / 千克上下；2019 年 11 月，价格逐渐下降至约 93 元 / 千克；2020 年 4 月，价格回升至 100 元 / 千克上下；2021 年 9 月，价格显著下降至 85 元 / 千克；2022 年 9 月，价格逐渐下降至 68 元 / 千克上下；2023 年 3 月，价格回升至 100 元 / 千克；2023 年 4 月至 6 月，价格小幅下降至 95 元 / 千克；2023 年 7 月以后，价格逐渐上升至 120 元 / 千克；2023 年末，价格下降至 110 元 / 千克。

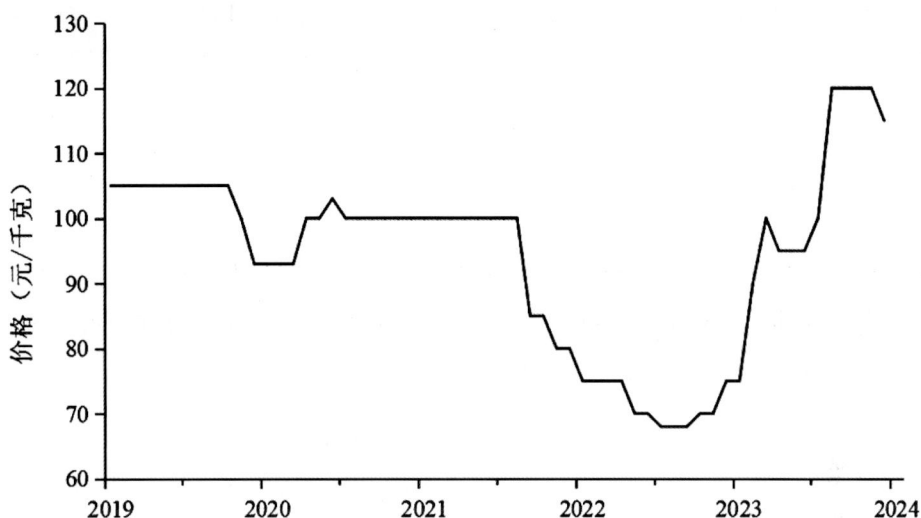

图 2-5-2　半夏价格波动曲线图

参考文献

［1］赵佳琛，王艺涵，金艳，等．经典名方中半夏与天南星的本草考证［J］．
中国现代中药，2020，22（8）：1361-1380.

［2］陈黎明，何志贵，韩蕊莲．半夏种质资源研究进展［J］．黑龙江农业科
学，2020（2）：131-135.

［3］黄和平，王辉，高广印．半夏栽培技术和组培育苗研究进展［J］．安徽
农业科学，2017，45（2）：146-147.

［4］许宏亮．不同种质半夏优选及栽培技术研究［D］．咸阳：西北农林科技
大学，2016.

［5］黄和平，聂久胜，黄鹏，等．中国半夏属药用资源研究概况［J］．中国
现代中药，2014，16（3）：258-261.

Beicangzhu 北苍术
ATRACTYLODIS RHIZOMA

图 2-6-1　苍术植物图

一、来源▼

北苍术为菊科植物苍术 *Atractylodes chinensis*（DC.）Koidz. 的干燥根茎。春、秋二季采挖，除去泥沙，晒干，撞去须根。《中华人民共和国药典》2020 年版（一部）收载。

二、形态特征▼

苍术为多年生草本，根状茎平卧或斜升，粗长，通常呈疙瘩状，生多数等粗等长或近等长的不定根。茎直立，高（15～20）30～100cm，单生或少数茎成簇生，下部或中部以下常紫红色，不分枝或上部但少有自下部分枝的，全部茎枝被稀疏的蛛丝状毛或无毛。基部叶花期脱落；中下部茎叶长 8～12cm，宽 5～8cm，3～5（7～9）羽状深裂或半裂，基部楔形或宽楔形，几无柄，扩大半抱茎，或基部渐狭成长达3.5cm 的叶柄；顶裂片与侧裂片不等形或近等形，圆形、倒卵形、偏斜卵形、卵形或椭圆形，宽1.5～4.5cm；侧裂片1～2（3～4）对，椭圆形、长椭圆形或倒卵状长椭圆形，宽 0.5～2cm；有时中下部茎叶不分裂；中部以上或仅上部茎叶不分裂，倒长卵形、倒卵状长椭圆形或长椭圆形，有时基部或近基部有1～2对三角形刺齿或刺齿状浅裂。或全部茎叶不裂，中部茎叶倒卵形、长倒卵形、倒披针形或长倒披针形，长 2.2～9.5cm，宽 1.5～6cm，基部楔状，渐狭成长 0.5～2.5cm 的叶柄，上部的叶基部有时有1～2对三角形刺齿裂；全部叶质地硬，硬纸质，两面同色，绿色，无毛，边缘或裂片边缘有针刺状缘毛或三角形刺齿或重刺齿。头状花序单生茎枝顶端，但不形成明显的花序式排列，植株有多数或少数（2～5个）头状花序。总苞钟状，直径1～1.5cm。苞叶针刺状羽状全裂或深裂。总苞片 5～7层，覆瓦状排列，最外层及外层卵形至卵状披针形，长 3～6mm；中层长卵形至长椭圆形或卵状长椭圆形，长 6～10mm；内层线状长椭圆形或线形，长 11～12mm。全部苞片顶端钝或圆形，边缘有稀疏蛛丝毛，中内层或内层苞片上部有时变红紫色。小花白色，长 9mm。瘦果倒卵圆状，被稠密的顺向贴伏的白色长直毛，有时变稀毛。冠毛刚毛褐色或污白色，长 7～8mm，羽毛状，基部连合成环。花果期 6～10月。

三、生物学特性▼

苍术喜凉爽气候，野生环境下适宜生长在低山阴坡疏林边、灌木丛及草丛中。苍术生活力很强，荒山、坡地、瘦地也可种植，以排水良好、地下水位低、结构疏松富含腐殖质的沙壤土生长最好，忌水浸，受水浸后根易腐烂，故低洼积水地不宜种植。

四、种植现状及分布▼

我国苍术的分布区域主要集中在内蒙古、甘肃、陕西、宁夏、青海、河北等地。

河北省内的苍术栽培区域主要分布在承德市的承德县、隆化县、滦平县、平泉市、兴隆县、围场满族蒙古族自治县，秦皇岛市的青龙满族自治县，张家口市的赤城县、阳原县等地。

五、适宜性区划▼

（一）适宜性评价指标体系

1. 对温度的适宜性

最冷季平均温变化范围为 –11 ～ –3℃时，苍术的生境适宜度最佳。最湿季平均温变化范围在低于 24.3℃时，其生境适宜度较低；在 24.3 ～ 27℃时，其生境适宜度随温度升高而增加；在高于 27℃后，其生境适宜度最高，且恒定不变。昼夜温差月均值变化范围在 9 ～ 12℃时，其生境适宜度随温度升高而增加；在 12 ～ 14.1℃时，其生境适宜度随温度升高而减少；14.1℃后，其生境适宜度达到最小值且保持恒定。

2. 对水分的适宜性

最暖季降水量在 220 ～ 280mm 及 510 ～ 530mm 时，苍术的生境适宜度随降水量的增加而增加；在 280 ～ 510mm 时，其生境适宜度保持恒定；在 530mm 以上时，其生境适宜度最高且保持恒定。年平均降水量在 330 ～ 750mm 时，其生境适宜度随降水量的增加而增加；在 750mm 以上时，其生境适宜度最高且保持恒定。

3. 对坡向的适宜性

苍术在西向、东向等坡向类型下有较高的生境适宜度；东北等坡向类型次之；西北向、西南向则不适合其生长；其他坡向类型对其生境适宜度影响不大。

4. 对植被类型的适宜性

苍术在植被类型为温带草原化灌木荒漠、温带落叶灌丛中时，有较高的生境适宜度；一年一熟的粮食作物、耐寒经济作物和落叶果树园，以及温带针叶林时次之；其他植被类型对其生境适宜度影响不大。

（二）生态适宜性评价

根据环境因子及相关数据，采用 Maxent 模型预测苍术生态适宜分布区，利用 GIS 技术将其表现出来。苍术在河北省区域内的生态适宜区主要分布在秦皇岛市的青龙满族自治县，以及承德市的宽城满族自治县、承德县等地；次适宜区主要分布在承德市的隆化县、滦平县，以及张家口市的赤城县、崇礼区等地。

六、价格波动▼

北苍术的价格在 2019 年 1 月至 4 月自 120 元 / 千克下降至 112 元 / 千克；2019 年 5 月至 2020 年 3 月，价格保持稳定在 112 元 / 千克；2020 年 4 月，价格上升至 160 元 / 千克；2020

年4月至8月，价格下降至130元/千克；2020年9月至2021年9月，价格大幅上升至230元/千克，而后逐步下降；2023年3月，价格下降至160元/千克；2023年5月，价格回升至185元/千克；2023年7月至2023年末，价格下降至160元/千克。

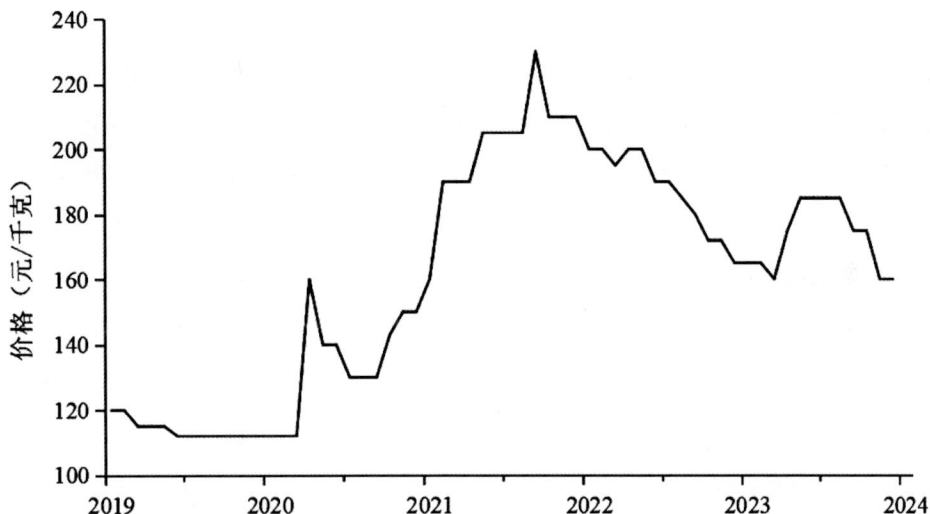

图2-6-2 北苍术价格波动曲线图

参考文献

［1］孙圣宏.北苍术高效栽培技术及效益分析［J］.特种经济动植物，2020，23（12）：38-39.

［2］姜雨昕，姜大成，翁丽丽，等.北苍术种子的萌发特性及其生态适应性研究［J］.种子，2020，39（8）：158-163.

［3］周秀丽.干旱胁迫对北苍术药效成分合成的影响及其调控机制研究［D］.长春：长春中医药大学，2020.

［4］张玮玮，张志鹏，郑司浩，等.基于TCMGIS的北苍术产地适宜性分析和定量评价［J］.山西农业科学，2020，48（2）：208-212.

［5］吴小强.苍术种质资源研究［D］.西安：陕西师范大学，2019.

［6］王银波.北苍术林下栽培技术［J］.辽宁林业科技，2019（2）：77-78.

［7］荆雪梅，刘杨，李峰，等.蒙山野生苍术与茅苍术、北苍术的鉴别比较［J］.山东中医杂志，2012，31（8）：598-600.

第二章 根及根茎类

MENISPERMI RHIZOMA

图 2-7-1 蝙蝠葛植物图

一、来源▼

北豆根为防己科植物蝙蝠葛 *Menispermum dauricum* DC. 的干燥根茎。春、秋二季采挖，除去须根和泥沙，干燥。《中华人民共和国药典》2020 年版（一部）收载。

二、形态特征▼

蝙蝠葛为草质、落叶藤本。根状茎褐色，垂直生，茎自位于近顶部的侧芽生出，一年生茎纤细，有条纹，无毛。叶纸质或近膜质，轮廓通常为心状扁圆形，长和宽均 3～12cm，边缘有 3～9 角或 3～9 裂，很少近全缘，基部心形至近截平，两面无毛，下面有白粉；掌状脉 9～12 条，其中向基部伸展的 3～5 条很纤细，均在背面凸起；叶柄长 3～10cm 或稍长，有条纹。圆锥花序单生或有时双生，有细长的总梗，有花数朵至二十余朵，花密集成稍疏散，花梗纤细，长 5～10mm。雄花：萼片 4～8，膜质，绿黄色，倒披针形至倒卵状椭圆形，长 1.4～3.5mm，自外至内渐大；花瓣 6～8 片或多至 9～12 片，肉质，凹成兜状，有短爪，长 1.5～2.5mm；雄蕊通常 12，有时稍多或较少，长 1.5～3mm。雌花：退化雄蕊 6～12，长约 1mm，雌蕊群具长约 0.5～1mm 的柄。核果紫黑色；果核宽约 10mm，高约 8mm，基部弯缺深约 3mm。花期 6～7 月，果期 8～9 月。

三、生物学特性▼

蝙蝠葛通常生长在山坡林缘、灌丛中、田边、路旁及石砾滩地中，或攀缘于岩石上。

四、种植现状及分布▼

我国蝙蝠葛的分布区域主要集中在东北、华北、华东及陕西、宁夏、甘肃、山东等地。

河北省内的蝙蝠葛栽培区域主要分布在承德市的兴隆县、青龙满族自治县，唐山市的迁安市、迁西县，张家口市的赤城县，邢台市的信都区、临城县、沙河市等地。

五、适宜性区划▼

（一）适宜性评价指标体系

1. 对温度的适宜性

最湿季的平均温变化范围在 10～26℃时，蝙蝠葛的生境适宜度随着温度升高而增加；在 26℃时，其生境适宜度达到最大值；在 26～27℃时，其生境适宜度随着温度升高而减少，随后保持恒定。最冷季平均温变化范围在 –2 ～ 1℃时，其生境适宜度随着温度升高而增加，随后保持恒定。适宜北豆根生长的年平均温度在 14.3℃以上。

2. 对水分的适宜性

最湿季降水量在 350mm 以下时，蝙蝠葛的生境适宜度较高；在 350 ～ 520mm 时，其生境适宜度随着降水量增加而减少，随后保持恒定。年平均降水量在 320 ～ 520mm 时，其生境适宜度随降水量的增加而增加；在 520 ～ 750mm 时，其生境适宜度随降水量的增加而减少，随后保持恒定。

3. 对土壤类型的适宜性

蝙蝠葛在简育灰色土、简育高活性淋溶土等土壤类型下有较高的生境适宜度；在钙积高活性淋溶土、石灰性雏形土等土壤类型下次之；而艳色雏形土则不适合其生长；其他土壤类型对其生境适宜度影响不大。

4. 对植被类型的适宜性

蝙蝠葛在温带禾草、杂类草草甸、温带丛生禾草典型草原的植被类型下有较高的生境适宜度；两年三熟或一年两熟的旱作和落叶果树园次之；温带落叶丛林、温带针叶林不适合其生长；其他植被类型对其生境适宜度影响不大。

（二）生态适宜性评价

根据环境因子及相关数据，采用 Maxent 模型预测蝙蝠葛生态适宜分布区，利用 GIS 技术将其表现出来。蝙蝠葛在河北省区域内的生态适宜区主要分布在保定市的涿州市、易县、满城区、顺平县、曲阳县，石家庄市的行唐县、正定县、藁城区，邢台市的柏乡县、隆尧县、巨鹿县、平乡县等地；次适宜区主要分布在邯郸市的邱县、曲周县、临漳县，秦皇岛市的青龙满族自治县，唐山市的滦县，承德市的丰宁满族自治县等地。

六、价格波动▼

北豆根的价格在 2019 年 1 月至 2020 年 8 月仅小幅度变化，基本上稳定在 8.5 元 / 千克；2020 年 9 月至 2021 年 4 月，价格有所上升并稳定在 9 元 / 千克；2021 年 5 月至 10 月，价格有所上升并稳定在 10 元 / 千克；2021 年 11 月至 2022 年 4 月，价格有所上升并稳定在 13 元 / 千克；2022 年 5 月至 12 月，价格有所上升并稳定在 15 元 / 千克；2023 年 1 月，价格达到近年来最高 20 元 / 千克并维持到 2023 年 3 月；2023 年 4 月至 8 月，价格逐渐下跌至 14 元 / 千克并维持到年末。

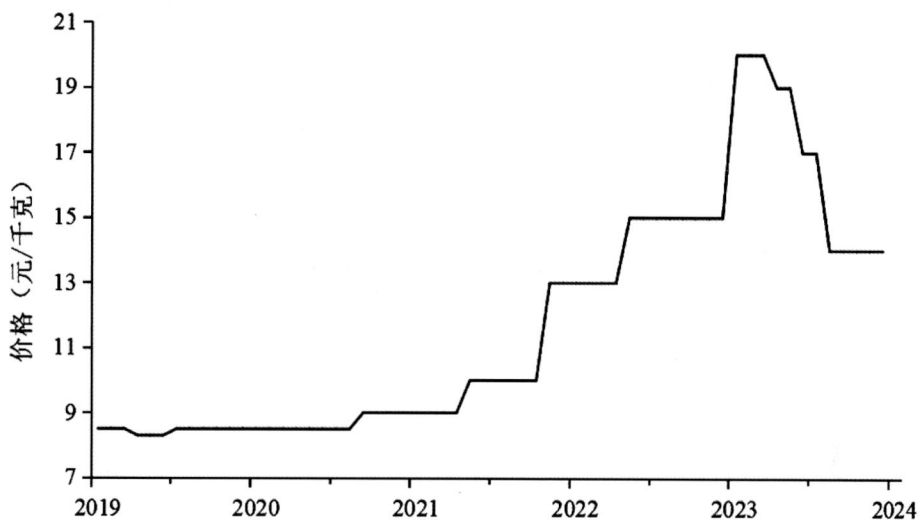

图 2-7-2　北豆根价格波动曲线图

参考文献

［1］王哲，李波，姜大成，等.基于 MaxEnt 模型和 GIS 技术的吉林省蝙蝠葛适生区划及主导环境因子研究［J］.中药材，2018，41（2）：308-312.

［2］葛志功.辽西地区栾树大规格苗培育技术与蝙蝠葛套种栽培技术［J］.南方农业，2017，11（21）：35.

［3］张舒娜，魏云洁，王志清，等.栽培模式及采收时期对北豆根产量和质量的影响［J］.广东农业科学，2013，40（18）：19-21.

［4］丁志军.北豆根地膜覆盖高产栽培技术［J］.中国农技推广，2010，26（10）：35-36.

［5］陈红霞.山豆根与北豆根的区别及合理应用［J］.中国中医药现代远程教育，2010，8（19）：60-61.

［6］陈瑞生，陈相银.北豆根与山豆根的鉴别［J］.首都医药，2010，17（7）：55.

［7］果艳凤.山豆根与北豆根的鉴别及应用［J］.河北中医，2011，33（8）：1221-1222.

图 2-8-1　珊瑚菜植物图

一、来源▼

北沙参为伞形科植物珊瑚菜 *Glehnia littoralis* Fr.Schmidt ex Miq. 的干燥根。夏、秋二季采挖，除去须根，洗净，稍晾，置沸水中烫后，除去外皮，干燥。或洗净直接干燥。《中华人民共和国药典》2020 年版（一部）收载。

二、形态特征▼

珊瑚菜为多年生草本，全株被白色柔毛。根细长，圆柱形或纺锤形，长 20 ～ 70cm，径 0.5 ～ 1.5cm，表面黄白色。茎露于地面部分较短，分枝，地下部分伸长。叶多数基生，厚质，有长柄，叶柄长 5 ～ 15cm；叶片轮廓呈圆卵形至长圆状卵形，三出式分裂至三出式二回羽状分裂，末回裂片倒卵形至卵圆形，长 1 ～ 6cm，宽 0.8 ～ 3.5cm，顶端圆形至尖锐，基部楔形至截形，边缘有缺刻状锯齿，齿边缘为白色软骨质；叶柄和叶脉上有细微硬毛；茎生叶与基生叶相似，叶柄基部逐渐膨大成鞘状，有时茎生叶退化成鞘状。复伞形花序顶生，密生浓密的长柔毛，径 3 ～ 6cm；花序梗有时分枝，长 2 ～ 6cm；伞辐 8 ～ 16，不等长，长 1 ～ 3cm；无总苞片；小总苞数片，线状披针形，边缘及背部密被柔毛；小伞形花序有花，15 ～ 20，花白色；萼齿 5，卵状披针形，长 0.5 ～ 1mm，被柔毛；花瓣白色或带堇色；花柱基短圆锥形。果实近圆球形或倒广卵形，长 6 ～ 13mm，宽 6 ～ 10mm，密被长柔毛及茸毛，果棱有木栓质翅；分生果的横剖面半圆形。花果期 6 ～ 8 月。

三、生物学特性▼

珊瑚菜适应性很强，喜温暖湿润气候，抗旱耐寒，喜砂质土壤。珊瑚菜忌水浸，忌连作，忌强烈阳光。

四、种植现状及分布▼

我国珊瑚菜的分布区域主要集中在河北、山东、辽宁、内蒙古、江苏、浙江、福建、台湾、广东等地。

河北省内的珊瑚菜栽培区域主要分布在保定市的安国市、涞源县，张家口市的赤城县、张北县，衡水市的安平县，石家庄市的深泽县、平山县，邢台市的信都区、临城县等地。

五、适宜性区划▼

（一）适宜性评价指标体系

1. 对温度的适宜性

最冷季的平均温变化范围在 –18.1 ～ 6℃时，珊瑚菜的生境适宜度随温度的升高而增加；在 6℃及以上时，其生境适宜度最高且保持恒定。最暖月最高温在高于 33.5℃时，其生境适宜度较高。而年平均温度对其生境适宜度影响较小。

2. 对水分的适宜性

最干季降水量在 6 ～ 28mm 时，珊瑚菜的生境适宜度随降水量的增加而增加，在 28mm 时达到最大。最湿月降水量在 90 ～ 255mm 时，其生境适宜度随降水量的增加而增加，在 255mm 时达到最大。年平均降水量在 350mm 左右时，珊瑚菜的生境适宜度较高。

3. 对植被类型的适宜性

珊瑚菜在温带禾草、杂类草盐生草甸，两年三熟或一年两熟的旱作和落叶果树园等植被类型下有较高的生境适宜度；温带丛生禾草典型草原、亚高山硬叶常绿阔叶灌丛等植被类型次之；寒温带、温带沼泽，以及一年一熟的短生育期耐寒作物等植被类型则不适合其生长；其他植被类型对其生境适宜度影响不大。

4. 对土壤类型的适宜性

珊瑚菜在过渡性红砂土、不饱和疏松岩性土等土壤类型下有较高的生境适宜度；黑色石灰薄层土、简育栗钙土等土壤类型次之；钙积高活性淋溶土、饱和疏松岩性土则不适合北沙参生长；其他土壤类型对珊瑚菜生境适宜度影响不大。

（二）生态适宜性评价

根据环境因子及相关数据，采用 Maxent 模型预测珊瑚菜生态适宜分布区，利用 GIS 技术将其表现出来。珊瑚菜在河北省区域内的生态适宜区主要分布在保定市的安国市、望都县，定州市等地；次适宜区主要分布在衡水市的安平县，石家庄市的深泽县，邯郸市的临漳县、魏县，张家口市的康保县等地。

六、价格波动▼

北沙参的价格在 2019 年 1 月至 2020 年 3 月上升至 25 元 / 千克；2020 年 4 月至 9 月，价格回落至 17 元 / 千克；2020 年 9 月至 2023 年 5 月，价格持续上升至 44 元 / 千克；2023 年 11 月，价格回落至 38 元 / 千克。

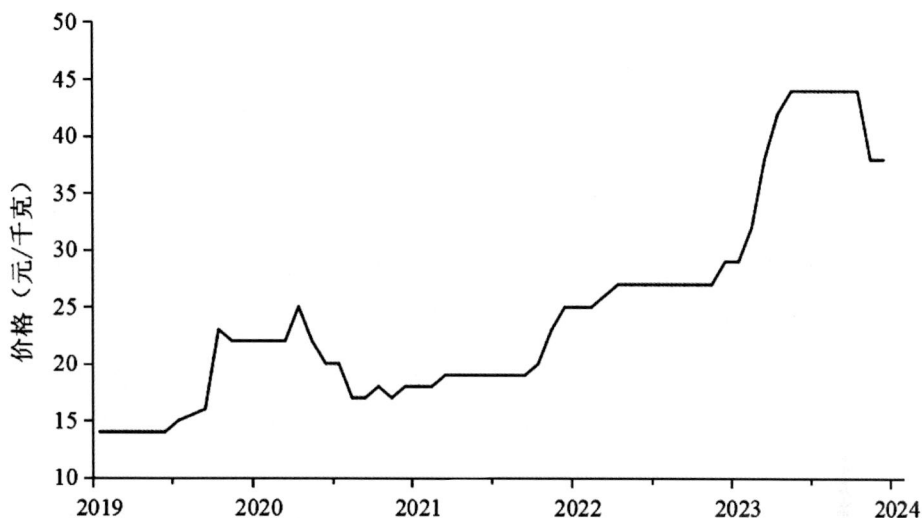

图 2-8-2 北沙参价格波动曲线图

参考文献

[1]崔宁,高婷,孟祥霄,等.北沙参无公害栽培技术体系研究[J].世界中医药,2018,13(12):2956-2961.

[2]汪玉红.北沙参无公害标准化栽培技术[J].农业开发与装备,2018(4):168-169.

[3]申玉香,任冰如,李洪山.密度和施氮量对沿海地区北沙参生长和产量的影响[J].江苏农业科学,2017,45(2):135-137.

[4]于得才,王晓琴,李彩峰.北沙参种植技术与药材品质研究现状[J].中国民族医药杂志,2014,20(10):58-60.

[5]韩韶良,贾喜莲.北沙参栽培技术[J].现代农村科技,2013(14):15.

[6]彭英,刘晓静,汤兴利,等.盐胁迫对北沙参生长及生理特性的影响[J].江苏农业学报,2014,30(6):1273-1278.

图 2-9-1　柴胡植物图

一、来源▼

柴胡为伞形科植物柴胡 *Bupleurum chinense* DC. 或狭叶柴胡 *Bupleurum scorzonerifolium* Willd. 的干燥根。按性状不同，分别习称"北柴胡"和"南柴胡"。春、秋二季采挖，除去茎叶和泥沙，干燥。《中华人民共和国药典》2020 年版（一部）收载。

二、形态特征▼

柴胡为多年生草本，高 50～85cm。主根较粗大，棕褐色，质坚硬。茎单一或数茎，表面有细纵槽纹，实心，上部多回分枝，微作之字形曲折。基生叶倒披针形或狭椭圆形，长 4～7cm，宽 6～8mm，顶端渐尖，基部收缩成柄，早枯落；茎中部叶倒披针形或广线状披针形，长 4～12cm，宽 6～18mm，有时达 3cm，顶端渐尖或急尖，有短芒尖头，基部收缩成叶鞘抱茎，脉 7～9，叶表面鲜绿色，背面淡绿色，常有白霜；茎顶部叶同形，但更小。复伞形花序很多，花序梗细，常水平伸出，形成疏松的圆锥状；总苞片 2～3，或无，甚小，狭披针形，长 1～5mm，宽 0.5～1mm，3 脉，很少 1 或 5 脉；伞辐 3～8，纤细，不等长，长 1～3cm；小总苞片 5，披针形，长 3～3.5mm，宽 0.6～1mm，顶端尖锐，3 脉，向叶背凸出；小伞直径 4～6mm，花 5～10；花柄长 1mm；花直径 1.2～1.8mm；花瓣鲜黄色，上部向内折，中肋隆起，小舌片矩圆形，顶端 2 浅裂；花柱基深黄色，宽于子房。果广椭圆形，棕色，两侧略扁，长约 3mm，宽约 2mm，棱狭翼状，淡棕色，每棱槽油管 3，很少 4，合生面 4 条。花期 9 月，果期 10 月。

三、生物学特性▼

柴胡喜暖和、湿润的气候，耐寒、耐旱，怕涝，适宜在土层深厚、肥沃的沙壤土中种植。繁殖柴胡可用种子滋生和育苗移栽等方法。

四、种植现状及分布▼

我国柴胡的分布区域主要集中在甘肃、陕西、山西、黑龙江、内蒙古、吉林、河南、河北、四川等地。

河北省内的柴胡栽培区域主要分布在保定市的博野县、安国市、涞源县、阜平县，邯郸市的涉县、武安市，承德市的隆化县，石家庄市的平山县、鹿泉区，唐山市的迁西县，秦皇岛市的青龙满族自治县，张家口市的蔚县，邢台市的柏乡县、内丘县、南和区、临城县等地。

五、适宜性区划▼

（一）适宜性评价指标体系

1. 对温度的适应性

柴胡生境适宜度随最暖月平均温的升高而增加，在 23.5℃时达到最大值，之后又随着温度升高而减少；在 27.3℃时达到最小值。最冷月平均温在 -17.6 ～ -9.6℃时，柴胡生境适宜度随着温度升高而增加；在 -9.6 ～ -3.6℃时，柴胡生境适宜度保持平稳；平均温到达 -3.6℃后，其生境适宜度随着温度的升高增加；平均温升高至 0.6℃时，其生境适宜度达到最大值并保持稳定。最湿季平均温在 10.5 ～ 21.5℃时，柴胡生境适宜度随着温度升高而增加；平均温在 21.5 ～ 23.9℃时达到其生境适宜度最大值，之后随着温度的升高逐渐下降；平均温在 27℃时其生境适宜度降到最小值。适宜柴胡生长的年平均温度范围在 12℃左右。

2. 对水分的适应性

年平均降水量小于 758mm 时，柴胡生境适宜度随年均降水量的增加而增加；在 758mm 以上时，其生境适宜度随年均降水量的增加而减少。

3. 对海拔的适应性

海拔在 0 ～ 100m 时，柴胡生境适宜度随海拔升高而增加；海拔在 100m 以上时，其生境适宜度随海拔升高而逐渐减少。

4. 对土壤类型的适应性

柴胡在人工堆垫土、黄色铁铝土等土壤类型下有较高的生境适宜度；饱和潜育土、聚铁网纹高活性强酸土等土壤类型次之；其他土壤类型则不适合柴胡生长。

（二）生态适宜性评价

根据环境因子及相关数据，采用 Maxent 模型预测柴胡生态适宜分布区，利用 GIS 技术将其表现出来。柴胡在河北省区域内的生态适宜区主要分布在邯郸市的涉县、武安市，石家庄市的赞皇县、井陉县，邢台市的信都区、内丘县、临城县等地；次适宜区主要分布在张家口市的怀来县、宣化区，承德的双滦区、宽城满族自治县、承德县、平泉市，秦皇岛市的青龙满族自治县，唐山市的迁西县等地。

六、价格波动▼

柴胡的价格在 2019 年 1 月至 2020 年 7 月自 65 元 / 千克上升至 80 元 / 千克；2020 年 8 月至 2022 年 2 月，价格回落至 70 元 / 千克并保持稳定；2022 年 3 月至 2023 年 2 月，价格缓慢上升至 80 元 / 千克并保持稳定；2023 年 3 月，价格陡升至 120 元 / 千克；2023 年 12 月，价格下跌至 110 元 / 千克。

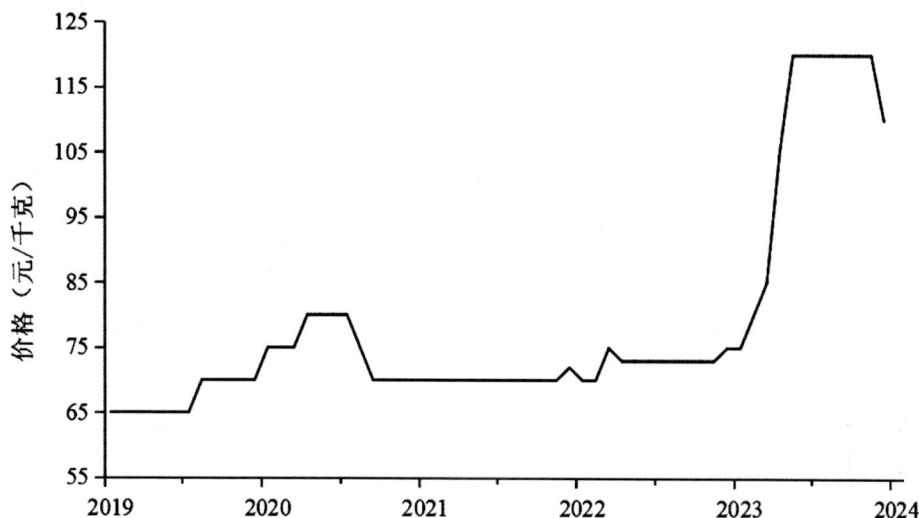

图 2-9-2　柴胡价格波动曲线图

参考文献

[1] 及华，王琳，谢晓亮，等.河北省中药材产业发展现状及问题建议 [J].河北农业科学，2020，24（5）：18-20.

[2] 康传志，吕朝耕，黄璐琦，等.基于区域分布的常见中药材生态种植模式 [J].中国中药杂志，2020，45（9）：1982-1989.

[3] 韦瑾，高玉珍，周静，等.中国伞形科药用植物资源信息的收集及整理 [J].中国中药杂志，2019，44（24）：5329-5335.

[4] 黄涵签，王潇晗，付航，等.柴胡属药用植物资源研究进展 [J].中草药，2017，48（14）：2989-2996.

[5] 曹爱农.影响柴胡质量与产量的关键因素研究 [D].兰州：甘肃农业大学，2016.

[6] 马卉，贡济宇.北柴胡的种质资源和种植技术概况 [J].世界最新医学信息文摘，2016，16（21）：164.

穿山龙 Chuanshanlong

DIOSCOREAE NIPPONICAE RHIZOMA

图 2-10-1　穿山薯蓣植物图

一、来源▼

穿山龙为薯蓣科植物穿山薯蓣 *Dioscorea nipponica* Makino 的干燥根茎。春、秋二季采挖，洗净，除去须根和外皮，晒干。《中华人民共和国药典》2020 年版（一部）收载。

二、形态特征▼

穿山薯蓣为缠绕草质藤本。根状茎横生，圆柱形，多分枝，栓皮层显著剥离。茎左旋，近无毛，长达 5m。单叶互生，叶柄长 10～20cm；叶片掌状心形，变化较大，茎基部叶长 10～15cm，宽 9～13cm，边缘作不等大的三角状浅裂、中裂或深裂，顶端叶片小，近于全缘，叶表面黄绿色，有光泽，无毛或有稀疏的白色细柔毛，尤以脉上较密。花雌雄异株。雄花序为腋生的穗状花序，花序基部常由 2～4 朵集成小伞状，至花序顶端常为单花；苞片披针形，顶端渐尖，短于花被；花被碟形，6 裂，裂片顶端钝圆；雄蕊 6 枚，着生于花被裂片的中央，药内向。雌花序穗状，单生；雌花具有退化雄蕊，有时雄蕊退化仅留有花丝；雌蕊柱头 3 裂，裂片再 2 裂。蒴果成熟后枯黄色，三棱形，顶端凹入，基部近圆形，每棱翅状，大小不一，一般长约 2cm，宽约 1.5cm；种子每室 2 枚，有时仅 1 枚发育，着生于中轴基部，四周有不等的薄膜状翅，上方呈长方形，长约比宽大 2 倍。花期 6～8 月，果期 8～10 月。

三、生物学特性▼

穿山薯蓣常生长于山腰的河谷两侧、半阴半阳的山坡灌木丛中、稀疏杂木林内和林缘中，而山脊路旁及乱石覆盖的灌木丛中较少见。穿山薯蓣喜肥沃、疏松、湿润、腐殖质较深厚的黄砾壤土和黑砾壤土。穿山薯蓣通常生长在海拔 100～1700m 处，在海拔 300～900m 处较为集中。

四、种植现状及分布▼

我国穿山薯蓣的分布区域主要集中在东北、华北、山东、河南、安徽、甘肃、宁夏、浙江北部、青海南部、四川西北部、江西（庐山）、陕西（秦岭以北）等地。

河北省内的穿山薯蓣栽培区域主要分布在邢台市的沙河市、临城县，邯郸市的磁县、涉县，石家庄市的平山县、赞皇县、灵寿县，保定市的涞源县、阜平县，张家口市的阳原县、怀来县、崇礼区、赤城县，承德市的平泉市、承德县等地。

五、适宜性区划▼

（一）适宜性评价指标体系

1. 对温度的适宜性

最暖月最高温变化范围为 32～33℃时，穿山薯蓣的生境适宜度随温度升高而增加；在 33℃及以上时其生境适宜度最佳，并保持恒定。最冷季平均温在 -1.6～0.4℃时，其生境适宜度随温度升高而增加，且增幅较大；在 0.4℃及以上时其生境适宜度最佳，并保持恒定。

2. 对水分的适宜性

年平均降水量在 340～750mm 时，穿山薯蓣的生境适宜度随降水量增加而增加；降水量在 750mm 时其生境适宜度最佳，随后保持恒定。最冷季降水量在 6～24mm 时，其生境适宜度较高。

3. 对植被类型的适宜性

穿山薯蓣在两年三熟或一年两熟的旱作和落叶果树园，温带落叶灌丛等植被类型下有较高的生境适宜度；在寒温带、温带沼泽，一年一熟的粮食作物及耐寒经济作物等植被类型下次之；而温带针叶林、亚高山硬叶常绿阔叶灌丛则不适合其生长；其他植被类型对其生境适宜度影响不大。

4. 对土壤类型的适宜性

穿山薯蓣在人为堆积土、饱和潜育土等土壤类型下有较高的生境适宜度；钙积栗钙土、薄层土等土壤类型次之；其他土壤类型对其生境适宜度影响不大。

（二）生态适宜性评价

根据环境因子及相关数据，采用 Maxent 模型预测穿山龙生态适宜分布区，利用 GIS 技术将其表现出来。穿山薯蓣在河北省区域内的生态适宜区主要分布在邢台市的沙河市，邯郸市的磁县、武安市等地；次适宜区主要分布在张家口市的崇礼区、张北县，秦皇岛市的北戴河区、山海关区等地。

六、价格波动▼

穿山龙的价格在 2019 年 1 月至 2022 年 1 月保持稳定在 11 ～ 12 元 / 千克；2022 年 2 月至 5 月，价格小幅升至 14 元 / 千克；2022 年 6 月至 2023 年 1 月，价格小幅降至 13 元 / 千克；2023 年 2 月至 7 月，价格小幅升至 15 元 / 千克；2023 年 8 月，价格下降至 12.5 元 / 千克并保持至年末。

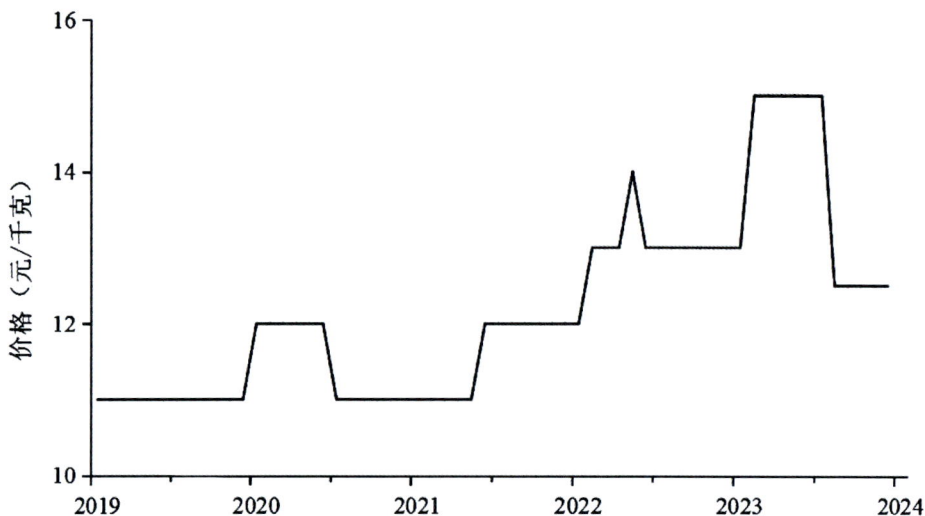

图 2-10-2　穿山龙价格波动曲线图

参考文献

［1］冯桂华. 穿山龙半人工栽培技术［J］. 农村实用科技信息，2010（5）：9-10.

［2］冯爱玲，胡升安. 常山混伪品穿山龙的鉴别应用［J］. 中医药学刊，2001（3）：276.

［3］卜祥，李海勇. 中草药穿山龙人工栽培技术探讨［J］. 园艺与种苗，2012（12）：53-56.

［4］冯树刚. 鞍山地区穿山龙栽培技术与效益分析［J］. 黑龙江科技信息，2017（9）：279.

［5］李德成，刘庆燕，刘春燕. 穿山龙的化学成分和药理作用研究进展［J］. 山西中医学院学报，2016，17（2）：69-70.

［6］王飞，尹铁民. 穿山龙规范栽培技术［J］. 河北农业，2016（1）：4-5.

［7］张文博. 营口地区杏林下玉竹、穿山龙人工栽培技术研究［J］. 中国新技术新产品，2016（1）：177.

SALVIAE MILTIORRHIZAE RADIX ET RHIZOMA

图 2-11-1　丹参植物图

一、来源▼

丹参为唇形科植物丹参 *Salvia miltiorrhiza* Bge. 的干燥根和根茎。春、秋二季采挖，除去泥沙，干燥。《中华人民共和国药典》2020 年版（一部）收载。

二、形态特征▼

丹参为多年生直立草本。根肥厚，肉质，外面朱红色，内面白色，长 5 ～ 15cm，直径 4 ～ 14mm，疏生支根。茎直立，高 40 ～ 80cm，四棱形，具槽，密被长柔毛，多分枝。叶常为奇数羽状复叶；叶柄长 1.3 ～ 7.5cm，密被向下长柔毛；小叶 3 ～ 5（7），长 1.5 ～ 8cm，宽 1 ～ 4cm，卵圆形或椭圆状卵圆形或宽披针形，先端锐尖或渐尖，基部圆形或偏斜，边缘具圆齿，草质，两面被疏柔毛，下面较密；小叶柄长 2 ～ 14mm，小叶柄与叶轴密被长柔毛。轮伞花序 6 花或多花，下部者疏离，上部者密集，组成长 4.5 ～ 17cm 具长梗的顶生或腋生总状花序；苞片披针形，先端渐尖，基部楔形，全缘，上面无毛，下面略被疏柔毛，比花梗长或短；花梗长 3 ～ 4mm，花序轴密被长柔毛或具腺长柔毛。花萼钟形，带紫色，长约 1.1cm，花后稍增大，外面被疏长柔毛及具腺长柔毛，具缘毛，内面中部密被白色长硬毛，具 11 脉，二唇形，上唇全缘，三角形，长约 4mm，宽约 8mm，先端具 3 个小尖头，侧脉外缘具狭翅，下唇与上唇近等长，深裂成 2 齿，齿三角形，先端渐尖。花冠紫蓝色，长 2 ～ 2.7cm，外被具腺短柔毛，尤以上唇为密，内面离冠筒基部 2 ～ 3mm 有斜生不完全小疏柔毛毛环，冠筒外伸，比冠檐短，基部宽 2mm，向上渐宽，至喉部宽达 8mm，冠檐二唇形，上唇长 12 ～ 15mm，镰刀状，向上竖立，先端微缺，下唇短于上唇，3 裂，中裂片长 5mm，宽达 10mm，先端二裂，裂片顶端具不整齐的尖齿，侧裂片短，顶端圆形，宽约 3mm。能育雄蕊 2，伸至上唇片，花丝长 3.5 ～ 4mm，药隔长 17 ～ 20mm，中部关节处略被小疏柔毛，上臂十分伸长，长 14 ～ 17mm，下臂短而增粗，药室不育，顶端联合。退化雄蕊线形，长约 4mm。花柱远外伸，长达 40mm，先端不相等 2 裂，后裂片极短，前裂片线形。花盘前方稍膨大。小坚果黑色，椭圆形，长约 3.2cm，直径 1.5mm。花期 4 ～ 8 月，花后见果。

三、生物学特性▼

丹参喜气候温和、光照充足、空气湿润、土壤肥沃的环境，如在生育期光照不足、气温较低，幼苗将出现生长慢、植株发育不良的情况。在年平均气温为 25.5℃，平均相对湿度为 77% 的条件下，丹参的生长发育情况良好。丹参适宜生长在土质肥沃的沙壤土上，对土壤酸碱度适应性较强，中性、微酸、微碱性土壤中均可生长。丹参通常生长在海拔 120 ～ 1300m

的山坡上、林下草丛中或溪谷旁。

四、种植现状及分布▼

我国丹参的分布区域主要集中在河北、山西、陕西、山东、河南、江苏、浙江、安徽、江西及湖南等地。

河北省内的丹参栽培区域主要分布在保定市的安国市，秦皇岛市的青龙满族自治县，邯郸市的涉县，石家庄市的鹿泉区、灵寿县、行唐县、赞皇县、新乐市，唐山市的迁西县，张家口市的蔚县等地。

五、适宜性区划▼

（一）适宜性评价指标体系

1. 对温度的适宜性

最暖季平均温在 25.5℃时，丹参的生境适宜度最佳；在 25.5℃以上时，其生境适宜度随温度升高而减少，直至 27.3℃时达到最小值并保持不变。最冷季平均温在 –17.2 ～ –3℃时，丹参的生境适宜度随温度升高逐渐增加；在 –3℃及以上时，其生境适宜度随着温度升高而减少，至 0.5℃时达到最小值并保持不变。最湿季平均温在 25.8℃时，丹参的生境适宜度较高。适宜丹参生长的年平均温度变化范围在 12℃左右。

2. 对水分的适宜性

年平均降水量在 475mm 以下时，丹参的生境适宜度随年平均降水量的增加而增加；降水量在 475mm 及以上时，其生境适宜度最高且保持不变。

3. 对海拔的适宜性

海拔在 0 ～ 100m 时，丹参的生境适宜度随海拔升高而增加；海拔在 100m 以上时，其生境适宜度随海拔升高而逐渐减少，至 2400m 及以上时达到最小值且保持不变。

4. 对土壤类型的适宜性

丹参在潜育高活性淋溶土、石灰性冲积土等土壤类型下有较高的生境适宜度；饱和疏松岩性土等土壤类型次之；黑色石灰薄层土、简育高活性淋溶土则不适合丹参生长。

（二）生态适宜性评价

根据环境因子及相关数据，采用 Maxent 模型预测丹参生态适宜分布区，利用 GIS 技术将其表现出来。丹参在河北省区域内的生态适宜区主要分布在石家庄市的行唐县、灵寿县、平山县等地；次适宜区主要分布在保定市的曲阳县、阜平县，邯郸市的涉县，邢台市的信都区，秦皇岛市的青龙满族自治县等地。

六、价格波动▼

丹参的价格在 2019 年 1 月至 2020 年 1 月自 14 元／千克下降至 11 元／千克，而后保持稳定；2021 年 1 月，价格上升至 14 元／千克，而后保持稳定；2021 年 8 月至 2023 年 12 月，价格波动式上升至 21 元／千克。

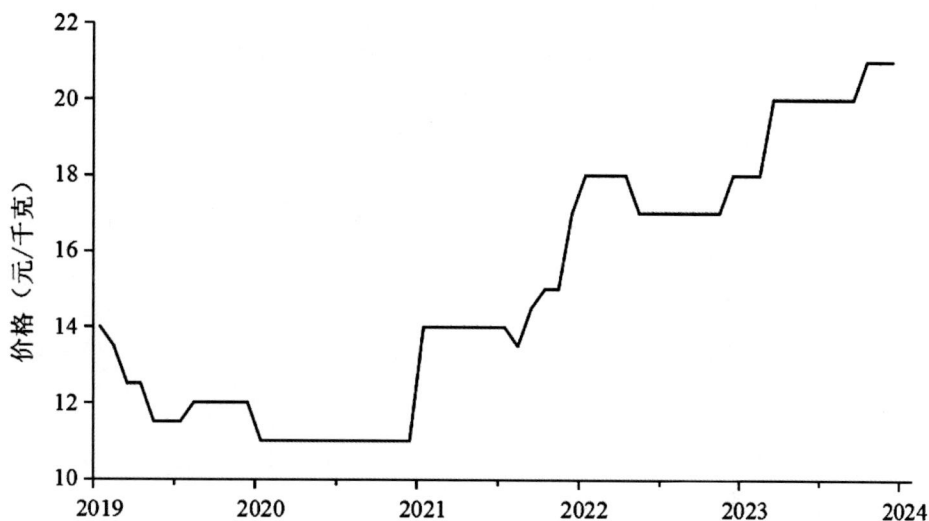

图 2-11-2　丹参价格波动曲线图

参考文献

［1］及华，张海新，李运朝，等．丹参优质高产栽培技术［J］．现代农村科技，2019（8）：108.

［2］姜磊，田成玉，李军，等．丹参栽培技术研究［J］．山东林业科技，2018，48（6）：95-98.

［3］高铭，倪淑萍，沈亮，等．基于 MaxEnt 模型的丹参全球潜在生态适宜产区分析［J］．中国药房，2018，29（16）：2243-2247.

［4］张夏楠，关红雨，高伟，等．中药丹参资源开发现代研究进展［J］．转化医学研究（电子版），2014，4（4）：26-36.

［5］赵宝林，钱枫，刘学医，等．药用丹参资源分布与开发利用［J］．现代中药研究与实践，2009，23（2）：17-19.

［6］孙华，张彦玲，高致明，等．丹参种质与栽培技术研究现状及应用前景［J］．山东农业科学，2005（6）：73-74.

图 2-12-1　党参植物图

一、来源▼

党参为桔梗科植物党参 *Codonopsis pilosula*（Franch.）Nannf.、素花党参 *Codonopsis pilosula* Nannf.var.*modesta*（Nannf.）L.T.Shen 或川党参 *Codonopsis tangshen* Oliv. 的干燥根。秋季采挖，洗净，晒干。《中华人民共和国药典》2020 年版（一部）收载。

二、形态特征▼

党参为多年生草质藤本。根常肥大呈纺锤状或纺锤状圆柱形，较少分枝或中部以下略有分枝，长 15 ～ 30cm，直径 1 ～ 3cm，表面灰黄色，上端 5 ～ 10cm 部分有细密环纹，而下部则疏生横长皮孔，肉质。茎基具多数瘤状茎痕；茎缠绕，长 1 ～ 2m，直径 2 ～ 3mm，有多数分枝，侧枝 15 ～ 50cm，小枝 1 ～ 5cm，具叶，不育或先端着花，黄绿色或黄白色，无毛。在主茎及侧枝上的叶互生，在小枝上的叶近于对生；叶柄长 0.5 ～ 2.5cm，有疏短刺毛；叶片卵形或狭卵形，长 1 ～ 6.5cm，宽 0.8 ～ 5cm，端钝或微尖，基部近于心形，边缘具波状钝锯齿，分枝上叶片渐趋狭窄，叶基圆形或楔形，上面绿色，下面灰绿色，两面疏或密地被贴伏的长硬毛或柔毛，少为无毛。花单生于枝端，与叶柄互生或近于对生，有梗。花萼贴生至子房中部，筒部半球状；裂片宽披针形或狭矩圆形，长 1 ～ 2cm，宽 6 ～ 8mm，顶端钝或微尖，微波状或近于全缘，其间弯缺尖狭；花冠上位，阔钟状，长 1.8 ～ 2.3cm，直径 1.8 ～ 2.5cm，黄绿色，内面有明显紫斑，浅裂，裂片正三角形，端尖，全缘；花丝基部微扩大，长约 5mm，花药长形，长 5 ～ 6mm；柱头有白色刺毛。蒴果下部半球状，上部短圆锥状。种子多数，卵形，无翼，细小，棕黄色，光滑无毛。花果期 7 ～ 10 月。

三、生物学特性▼

党参喜温和、凉爽的气候，耐寒，根部能在土壤中露地越冬；幼苗喜潮湿、荫蔽、怕强光；大苗至成株喜阳光充足。党参适宜在土层深厚、排水良好、土质疏松而富含腐殖质的沙壤土栽培。

四、种植现状及分布▼

我国党参的分布区域主要集中在西藏东南部、四川西部、云南西北部、甘肃东部南部、陕西南部、青海东部、贵州、宁夏、河南、山东、山西、河北、内蒙古，以及东北等地。

河北省内的党参栽培区域主要分布在保定市安国市、涞源县，承德市的围场满族蒙古族自治县，张家口市的蔚县，石家庄市的鹿泉区等地。

五、适宜性区划▼

（一）适宜性评价指标体系

1. 对温度的适宜性

党参的生境适宜度在一定范围内随最暖月平均温的升高而增加，在 25℃时达到最大值；在 25℃以上时，其生境适宜度随着温度升高而减少，在 27℃时达到最小值并保持不变。最冷月最低温变化范围为 –22.5 ～ –8.5℃时，党参的生境适宜度随着温度升高而增加，在 –8.8℃时党参的生境适宜度最佳。适宜党参生长的年平均温度变化范围在 13℃左右。

2. 对水分的适宜性

年平均降水量小于 580mm 时，党参的生境适宜度随年均降水量的增加而增加；在 580mm 时，其生境适宜度达到最佳；大于 580mm 时，其生境适宜度随着降水量的增加而减少，在 750mm 时达到最小值，而后趋于稳定。

3. 对海拔的适宜性

海拔在 0 ～ 50m 时，党参的生境适宜度随海拔升高而增加；海拔在 50m 及以上时，其生境适宜度最佳且保持不变。

4. 对土壤类型的适宜性

党参在石灰性雏形土、饱和疏松岩性土的土壤类型下有较高生境适宜度；石灰性冲积土等土壤类型次之；其余土壤类型则不适合其生长。

5. 对植被类型的适宜性

党参在植被类型为温带草原化灌木荒漠、温带草丛中有较高的生境适宜度；亚高山常绿针叶灌丛、寒温带和温带山地针叶林次之。

（二）生态适宜性评价

根据环境因子及相关数据，采用 Maxent 模型预测党参生态适宜分布区，利用 GIS 技术将其表现出来。党参在河北省区域内的生态适宜区主要分布在保定市的安国市、望都县、定州市等地；次适宜区主要分布在石家庄市的新乐市、深泽县，邢台市的信都区等地。

六、价格波动▼

党参的价格在 2019 年 1 月至 2023 年 7 月从 40 元 / 千克逐渐上升至 170 元 / 千克；2023 年 6 月至 12 月，价格逐渐回落至 115 元 / 千克。

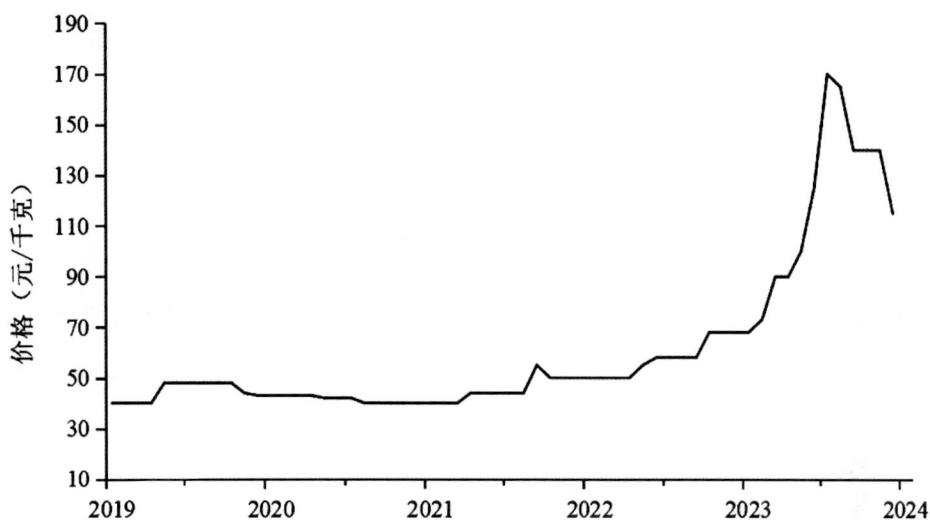

图 2-12-2　党参价格波动曲线图

参考文献

［1］罗明亮 . 党参生物学特性及规范化栽培技术［J］. 现代农业科技，2018
　　（15）：113.

［2］刘璇，徐娇，金钺，等 . 党参种质资源与优良品种选育研究进展［J］.
　　农学学报，2018，8（7）：36-41.

［3］吴晓俊 . 基于党参药材品质的区划研究［D］. 杭州：浙江中医药大学，
　　2018.

［4］张向东，高建平，曹铃亚，等 . 中药党参资源及生产现状［J］. 中华中
　　医药学刊，2013，31（3）：496-498.

［5］毕红艳，张丽萍，陈震，等 . 药用党参种质资源研究与开发利用概况
　　［J］. 中国中药杂志，2008（5）：590-594.

［6］赵云生，李占林，田洪岭，等 . 党参种质资源生态多样性研究［J］. 中
　　国农学通报，2007（11）：361-366.

第二章　根及根茎类

图 2-13-1 枸杞植物图

一、来源▼

地骨皮为茄科植物枸杞 *Lycium chinense* Mill. 或宁夏枸杞 *Lycium barbarum* L. 的干燥根皮。春初或秋后采挖根部，洗净，剥去根皮，晒干。《中华人民共和国药典》2020 年版（一部）收载。

二、形态特征▼

枸杞为多年生木本，高 0.5 ～ 1m，栽培时可达 2m 以上。枝条细弱，弓状弯曲或俯垂，淡灰色，有纵条纹，棘刺长 0.5 ～ 2cm，生叶和花的棘刺较长，小枝顶端锐尖呈棘刺状。叶纸质或栽培者质稍厚，单叶互生或 2 ～ 4 枚簇生，卵形、卵状菱形、长椭圆形、卵状披针形，顶端急尖，基部楔形，长 1.5 ～ 5cm，宽 0.5 ～ 2.5cm，栽培者较大，可长达 10cm 以上，宽达 4cm；叶柄长 0.4 ～ 1cm。花在长枝上单生或双生于叶腋，在短枝上则同叶簇生；花梗长 1 ～ 2cm，向顶端渐增粗。花萼长 3 ～ 4mm，通常 3 中裂或 4 ～ 5 齿裂，裂片多少有缘毛；花冠漏斗状，长 9 ～ 12mm，淡紫色，筒部向上骤然扩大，稍短于或近等于檐部裂片，5 深裂，裂片卵形，顶端圆钝，平展或稍向外反曲，边缘有缘毛，基部耳显著；雄蕊较花冠稍短，或因花冠裂片外展而伸出花冠，花丝在近基部处密生一圈茸毛并交织成椭圆状的毛丛，与毛丛等高处的花冠筒内壁亦密生一圈茸毛；花柱稍伸出雄蕊，上端弓弯，柱头绿色。浆果红色，卵状，栽培者可成长矩圆状或长椭圆状，顶端尖或钝，长 7 ～ 15mm，栽培者长可达 2.2cm，直径 5 ～ 8mm。种子扁肾脏形，长 2.5 ～ 3mm，黄色。花果期 6 ～ 11 月。

三、生物学特性▼

枸杞常生于山坡、荒地、丘陵地、盐碱地、路旁及村边宅旁。枸杞喜阳光，对土壤要求不严，耐盐碱、耐肥、耐旱，怕水涝。栽培枸杞以肥沃排水良好的中性或微酸性轻壤土为宜，盐碱土的含量不宜超过 0.2%；在强碱性、黏壤土、水稻田及沼泽地区不宜栽培。

四、种植现状及分布▼

我国枸杞的分布区域主要集中在河北、山西、陕西、甘肃南部，以及东北、西南、华中、华南和华东各地。

河北省内的枸杞栽培区域主要分布在邢台市的巨鹿县、隆尧县，保定市的安国市，沧州市的青县，衡水市的深州市等地。

五、适宜性区划▼

（一）适宜性评价指标体系

1. 对温度的适宜性

最暖季平均温变化范围为 10.5 ～ 26.2℃时，枸杞的生境适宜度随温度升高而增加，在26.2℃时达到最大值；在 26.2℃以上时，其生境适宜度随温度升高而减少。最冷季平均温变化范围为 –18 ～ 1℃时，枸杞的生境适宜度随温度升高而增加，在 1℃时达到最大值，而后保持稳定。最湿季平均温在 26.0℃时，其生境适宜度达到最大值；在 26.0℃以上时，其生境适宜度随温度升高而稍有降低。年平均气温在 12℃以上时，枸杞的生境适宜度较高，在13℃时达到最佳；在 13℃以上时，其生境适宜度随着温度的增加逐渐减少，在 14.2℃时达到最小值，而后保持不变。

2. 对水分的适宜性

年平均降水量在 640 ～ 740mm 时，枸杞的生境适宜度随年平均降水量的增加而增加；在 740mm 时，其生境适宜度达到最大值；高于 740mm 时，其生境适宜度不再变化。

3. 对海拔的适宜性

海拔在 0 ～ 50m 时，枸杞的生境适宜度随海拔升高逐渐增加；海拔在 50m 时，其生境适宜度达到最佳，而后随着海拔的增高逐渐减少；海拔超过 800m 后，其生境适宜度基本保持不变。

4. 对土壤类型的适宜性

枸杞在简育砂性土、不饱和雏形土的土壤类型下有较高的生境适宜度；人为堆积土、钙积栗钙土等土壤类型次之；其他土壤类型则对其生境适宜度无影响。

（二）生态适宜性评价

根据环境因子及相关数据，采用 Maxent 模型预测枸杞生态适宜分布区，利用 GIS 技术将其表现出来。枸杞在河北省区域内的生态适宜区主要分布在邢台市的巨鹿县、隆尧县、平乡县、广宗县，邯郸市的邱县、大名县等地；次适宜区主要分布在石家庄市的藁城区、晋州市、辛集市，承德市的承德县，张家口的万全区、宣化区等地。

六、价格波动▼

地骨皮的价格在 2019 年 1 月至 2020 年 1 月从 40 元 / 千克上升至 48 元 / 千克，而后保持稳定至 2021 年 6 月；2021 年 12 月，价格上升至 65 元 / 千克；2022 年 4 月，价格回落至58 元 / 千克；2023 年 9 月，价格小幅上涨至 63 元 / 千克，直至 2023 年末。

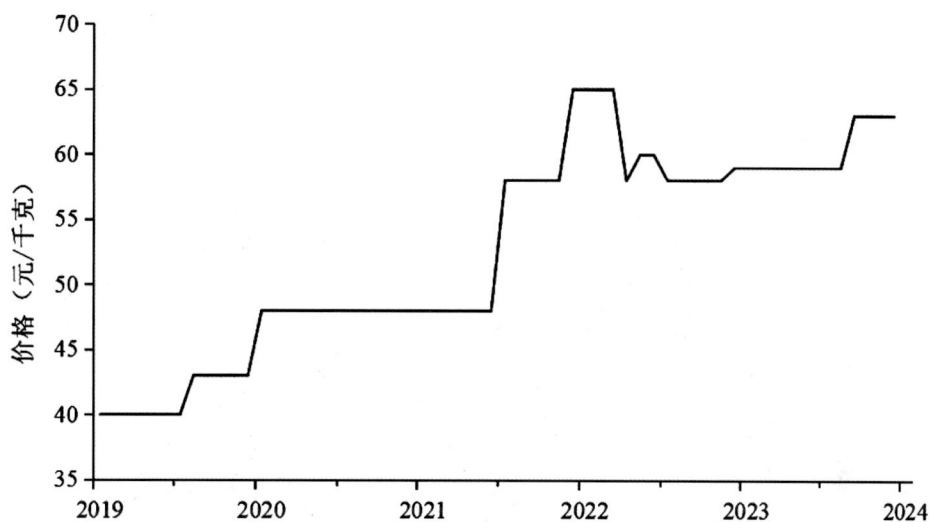

图 2-13-2　地骨皮价格波动曲线图

参考文献

[1] 李新蕊，司明东，温子帅，等.地骨皮的基原、产地、变迁及采收加工的本草考证[J].中国现代中药，2020，22（6）：948-954.

[2] 李玉丽，蒋屏，杨恬，等.地骨皮的本草考证[J].中国实验方剂学杂志，2020，26（5）：192-201.

[3] 施仕胜.枸杞无公害栽培技术[J].湖北植保，2004（3）：22-24.

[4] 王木.枸杞的利用价值与药用栽培[J].果树实用技术与信息，2002（4）：36-39.

地黄

REHMANNIAE RADIX

图 2-14-1　地黄药材图

一、来源▼

地黄为玄参科植物地黄 *Rehmannia glutinosa* Libosch. 的新鲜或干燥块根。秋季采挖，除去芦头、须根及泥沙，鲜用；或将地黄缓缓烘焙至约八成干。前者习称"鲜地黄"，后者习称"生地黄"。《中华人民共和国药典》2020 年版（一部）收载。

二、形态特征▼

地黄为多年生草本，体高 10 ～ 30cm，密被灰白色多细胞长柔毛和腺毛。根茎肉质，鲜时黄色，在栽培条件下，直径可达 5.5cm，茎紫红色。叶通常在茎基部集成莲座状，向上则强烈缩小成苞片，或逐渐缩小而在茎上互生；叶片卵形至长椭圆形，上面绿色，下面略带紫色或呈紫红色，长 2 ～ 13cm，宽 1 ～ 6cm，边缘具不规则圆齿或钝锯齿以至牙齿；基部渐狭成柄，叶脉在上面凹陷，下面隆起。花具长 0.5 ～ 3cm 的梗，梗细弱，弯曲而后上升，在茎顶部略排列成总状花序，或几全部单生叶腋而分散在茎上；萼长 1 ～ 1.5cm，密被多细胞长柔毛和白色长毛，具 10 条隆起的脉；萼齿 5 枚，矩圆状披针形、卵状披针形或多少三角形，长 0.5 ～ 0.6cm，宽 0.2 ～ 0.3cm，稀前方 2 枚各又开裂而使萼齿总数达 7 枚之多；花冠长 3 ～ 4.5cm；花冠筒多数弓曲，外面紫红色，被多细胞长柔毛；花冠裂片，5 枚，先端钝或微凹，内面黄紫色，外面紫红色，两面均被多细胞长柔毛，长 5 ～ 7mm，宽 4 ～ 10mm；雄蕊 4 枚；药室矩圆形，长 2.5mm，宽 1.5mm，基部叉开，两药室常排成一直线，子房幼时 2 室，老时因隔膜撕裂而成一室，无毛；花柱顶部扩大成 2 枚片状柱头。蒴果卵形至长卵形，长 1 ～ 1.5cm。花果期 4 ～ 7 月。

三、生物学特性▼

地黄通常生长在海拔 50 ～ 1100m 的沙壤土、荒山坡、山脚、墙边、路旁等处。

四、种植现状及分布▼

我国地黄的分布区域主要集中在辽宁、河北、河南、山东、山西、陕西、甘肃、内蒙古、江苏、湖北等地。

河北省内的地黄栽培区域主要分布在保定市的安国市、涞源县，石家庄市的井陉县，邢台市的信都区、沙河市、隆尧县，邯郸市的磁县、曲周县、涉县，石家庄市的元氏县、赞皇县、深泽县、灵寿县，承德市的隆化县、滦平县，张家口市的怀安县、阳原县，秦皇岛市的青龙满族自治县等地。

五、适宜性区划▼

（一）适宜性评价指标体系

1. 对温度的适宜性

地黄的生境适宜度随最暖季的平均温升高而增加，在 25℃时达到最大值；在 25℃以上时，其生境适宜度随着温度升高而减少，在 27℃时达到最小值。最冷季平均温变化范围为 –20 ～ 2℃时，地黄的生境适宜度随着温度升高而增加，温度在 –10℃时，其生境适宜度保持平稳；温度在 –1.8 ～ 0.1℃时，其生境适宜度随着温度的升高继续增加，在 0.1℃达到最大值并保持稳定。适宜地黄生长的年平均温度在 14℃左右。

2. 对水分的适宜性

地黄的生境适宜度随年平均降水量的增加而增加，在 560mm 时达到最大值；之后随着降水量的增加，其生境适宜度逐渐减少，在 750mm 时达到最小值；高于 750mm 时，其生境适宜度保持不变。

3. 对土壤类型的适宜性

地黄在钙积潜育土的土壤类型下有较高生境适宜度；过渡性红砂土、饱和雏形土的土壤类型次之；其他土壤类型对其生境适宜度没有较大影响。

4. 对植被类型的适宜性

地黄在温带草原化灌木荒漠、温带草丛等植被类型下有较高生境适宜度；在寒温带及温带沼泽等植被类型下次之；其他植被类型对其生境适宜度没有较大影响。

（二）生态适宜性评价

根据环境因子及相关数据，采用 Maxent 模型预测地黄生态适宜分布区，利用 GIS 技术将其表现出来。地黄在河北省区域内的生态适宜区主要分布在石家庄市的赞皇县，邢台市的临城县、内丘县、信都区，邯郸市的临漳县、磁县等地；次适宜区主要分布在秦皇岛市的北戴河区、承德市的平泉市、宽城满族自治县、张家口市的蔚县等地。

六、价格波动▼

地黄的价格在 2019 年 1 月至 2022 年 1 月从 8.5 元 / 千克逐渐上升至 50 元 / 千克；2022 年 2 月至 8 月，价格呈小幅波动；2022 年 11 月，价格陡降至 25 元 / 千克；2023 年 3 月，价格小幅回升至 35 元 / 千克，而后在 2023 年 4 月至 12 月持续下降至 18 元 / 千克。

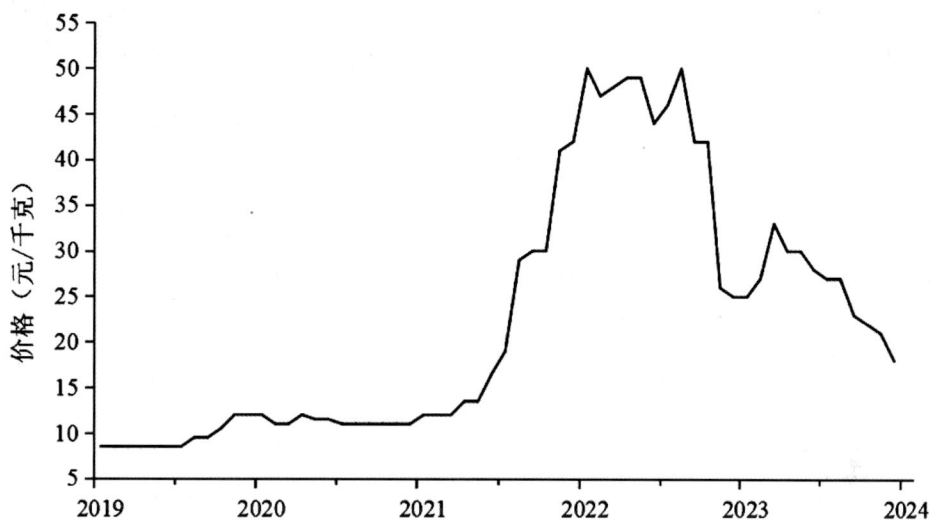

图 2-14-2　地黄价格波动曲线图

参考文献

[1] 薛淑娟，陈越，陈随清，等.HPLC-ELSD 法同时测定地黄及其不同炮制品中 8 个糖类成分的含量 [J].药物分析杂志，2023，43（6）：939-949.

[2] 谢小龙，马梦雨，杜权，等.地黄新品种"新丰"的选育 [J].北方园艺，2022，（24）：156-161.

[3] 王丰青，杨超飞，李铭铭，等.密度对地黄生长及基因转录特性的影响分析 [J].中国中药杂志，2021，46（17）：4367-4379.

[4] 李翠翠，胡赛文，夏至.基于 ISSR 的地黄栽培品种与野生群体遗传多样性研究 [J].中草药，2020，51（23）：6054-6061.

[5] 马静，贾红政，田亮玉，等.基于《临床用药须知》成方制剂中地黄及其炮制品的合理应用研究 [J].中国医药导刊，2020，22（9）：642-645.

[6] 张小波，陈敏，黄璐琦，等.我国地黄人工种植生态适宜性区划研究 [J].中国中医药信息杂志，2011，18（5）：55-56&59.

图 2-15-1　地榆植物图

一、来源▼

地榆为蔷薇科植物地榆 *Sanguisorba officinalis* L. 或长叶地榆 *Sanguisorba officinalis* L.var. *longifolia*（Bert.）Yü et Li 的干燥根。后者习称"绵地榆"。春季将发芽时或秋季植株枯萎后采挖，除去须根，洗净，干燥，或趁鲜切片，干燥。《中华人民共和国药典》2020年版（一部）收载。

二、形态特征▼

地榆为多年生草本，高30～120cm。根粗壮，多呈纺锤形，稀圆柱形，表面棕褐色或紫褐色，有纵皱及横裂纹，横切面黄白或紫红色，较平正。茎直立，有棱，无毛或基部有稀疏腺毛。基生叶为羽状复叶，有小叶4～6对，叶柄无毛或基部有稀疏腺毛；小叶片有短柄，卵形或长圆状卵形，长1～7cm，宽0.5～3cm，顶端圆钝稀急尖，基部心形至浅心形，边缘有多数粗大圆钝稀急尖的锯齿，两面绿色，无毛；茎生叶较少，小叶片有短柄至几无柄，长圆形至长圆披针形，狭长，基部微心形至圆形，顶端急尖；基生叶托叶膜质，褐色，外面无毛或被稀疏腺毛，茎生叶托叶大，草质，半卵形，外侧边缘有尖锐锯齿。穗状花序椭圆形，圆柱形或卵球形，直立，通常长1～3（4）cm，横径0.5～1cm，从花序顶端向下开放，花序梗光滑或偶有稀疏腺毛；苞片膜质，披针形，顶端渐尖至尾尖，比萼片短或近等长，背面及边缘有柔毛；萼片4枚，紫红色，椭圆形至宽卵形，背面被疏柔毛，中央微有纵棱脊，顶端常具短尖头；雄蕊4枚，花丝丝状，不扩大，与萼片近等长或稍短；子房外面无毛或基部微被毛，柱头顶端扩大，盘形，边缘具流苏状乳头。果实包藏在宿存萼筒内，外面有斗棱。花果期7～10月。

三、生物学特性▼

地榆适宜生长于向阳山坡、灌丛中，喜沙性土壤。地榆生命力旺盛，对栽培条件要求不严格，其地下部耐寒，地上部又耐高温多雨，全国各地均能栽培。

四、种植现状及分布▼

我国地榆的分布区域主要集中在河北、黑龙江、吉林、辽宁、内蒙古、山西、陕西、甘肃、青海、新疆等地。

河北省内的地榆栽培区域主要分布在保定市的安国市，张家口市的怀安县、赤城县、阳原县、沽源县，唐山市的迁安市、遵化市，邢台市的临城县，邯郸市的涉县、武安市等地。

五、适宜性区划▼

（一）适宜性评价指标体系

1. 对温度的适宜性

最暖季的平均温在 23℃时，地榆的生境适宜度为最大值；当温度高于 23℃时，地榆的生境适宜度随温度升高而减少，直至 27℃达到最小值并保持稳定。最湿季平均温变化范围为 10 ～ 23℃时，地榆的生境适宜度随温度的升高而增加，在 23℃时达到最大值；当温度高于 23℃时，地榆的生境适宜度随温度升高而降低，在 27℃达到最小值并保持稳定。适宜地榆生长的年平均温度在 14℃左右。

2. 对水分的适宜性

地榆的生境适宜度随年平均降水量的增加而增加，在 410 ～ 650mm 时达到最大值；降水量高于 650mm 时，其生境适宜度随着降水量的增加而减少，在 750mm 时达到最小值并保持稳定。

3. 对海拔的适宜性

海拔在 0 ～ 100m 时，地榆的生境适宜度随海拔升高而增加；海拔在 800m 以上时，其生境适宜度逐渐下降。

4. 对土壤类型的适宜性

地榆在不饱和灰壤的土壤类型下有较高生境适宜度；城镇工矿区土壤类型次之；其余土壤类型对地榆的生境适宜度影响不大。

（二）生态适宜性评价

根据环境因子及相关数据，采用 Maxent 模型预测地榆生态适宜分布区，利用 GIS 技术将其表现出来。地榆在河北省区域内的适宜区主要分布在石家庄市的平山县，邯郸市的临漳县、武安市、磁县，保定市的阜平县，邢台市的信都区等地；次适宜区主要分布在保定市的涞源县，秦皇岛市的北戴河区，张家口市的宣化区，邯郸市的涉县等地。

六、价格波动▼

地榆的价格在 2019 年 1 月至 9 月由 10 元 / 千克上升至 14 元 / 千克；2019 年 10 月至 2023 年 7 月，价格在 13 ～ 15 元 / 千克波动；2023 年 8 月，价格升至 20 元 / 千克并保持稳定。

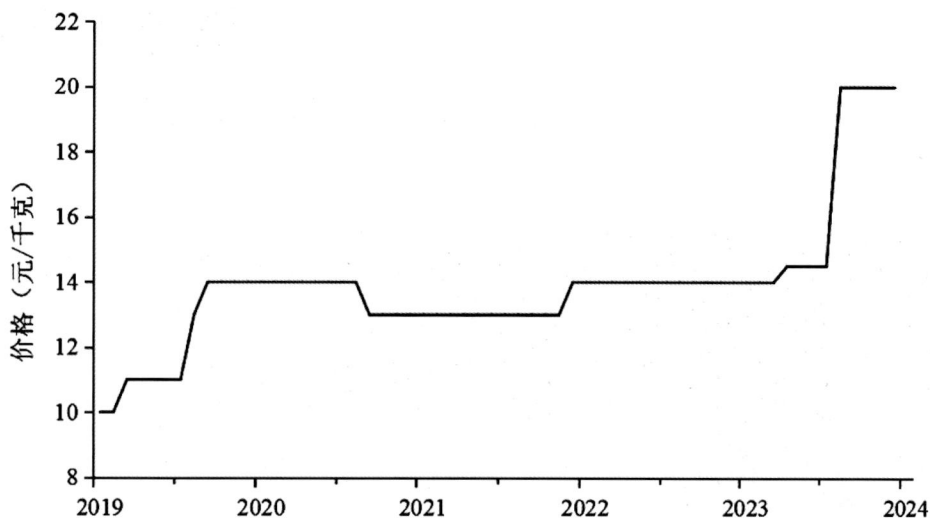

图 2-15-2　地榆价格波动曲线图

参考文献

［1］杨冰冰，胡晶红，刘红燕，等.我国地榆属植物资源及其开发利用研究概况［J］.中国现代中药，2016，18（11）：1528-1531.

［2］韩曦英，王哲，关树光，等.吉林省地榆资源分布影响因素研究［J］.时珍国医国药，2018，29（1）：192-194.

［3］唐霄铧.四川地榆属植物资源调查与地榆引种栽培生物学特性初步研究［D］.雅安：四川农业大学，2016.

［4］唐霄铧，李臻，白为，等.地榆研究进展［J］.安徽农业科学，2015，43（28）：1-3.

［5］罗宝生.地榆与紫地榆的鉴别及其功用［J］.内蒙古中医药，2014，33（29）：61-62.

［6］杨肖荣.地榆野生资源的保护及栽培技术［J］.农技服务，2016，33（12）：131-132.

［7］尚迪，刘静，孙婷，等.若尔盖野生地榆在成都地区的性状表现观察［J］.南方农业，2014，8（22）：9-10.

图 2-16-1 防风植物图

一、来源▼

防风为伞形科植物防风 *Saposhnikovia divaricata*（Trucz.）Schischk. 的干燥根茎。春、秋二季采挖未抽花茎植株的根，除去须根和泥沙，晒干。《中华人民共和国药典》2020 年版（一部）收载。

二、形态特征▼

防风为多年生草本，高 30 ～ 80cm。根粗壮，细长圆柱形，分歧，淡黄棕色。根头处被有纤维状叶残基及明显的环纹。茎单生，自基部分枝较多，斜上升，与主茎近于等长，有细棱，基生叶丛生，有扁长的叶柄，基部有宽叶鞘。叶片卵形或长圆形，长 14 ～ 35cm，宽 6 ～ 8（～ 18）cm，二回或近于三回羽状分裂，第一回裂片卵形或长圆形，有柄，长 5 ～ 8cm，第二回裂片下部具短柄，末回裂片狭楔形，长 2.5 ～ 5cm，宽 1 ～ 2.5cm。茎生叶与基生叶相似，但较小，顶生叶简化，有宽叶鞘。复伞形花序多数，生于茎和分枝，顶端花序梗长 2 ～ 5cm；伞辐 5 ～ 7，长 3 ～ 5cm，无毛；小伞形花序有花 4 ～ 10；无总苞片；小总苞片 4 ～ 6，线形或披针形，先端长，长约 3mm，萼齿短三角形；花瓣倒卵形，白色，长约 1.5mm，无毛，先端微凹，具内折小舌片。双悬果狭圆形或椭圆形，长 4 ～ 5mm，宽 2 ～ 3mm，幼时有疣状突起，成熟时渐平滑；每棱槽内通常有油管 1，合生面油管 2；胚乳腹面平坦。花期 8 ～ 9 月，果期 9 ～ 10 月。

三、生物学特性▼

防风耐寒、耐干旱，忌过湿和雨涝，对土壤要求不十分严格，但应选择地势高、干燥的向阳土地，土壤以疏松、肥沃、土层深厚、排水良好的沙壤土最适宜其栽种，宜生长在草原、丘陵、多砾石山坡；黏土、涝洼、酸性大的土壤或重盐碱地则不宜栽种。

四、种植现状及分布▼

我国防风的分布区域主要集中在黑龙江、吉林、辽宁、内蒙古、河北、宁夏、甘肃、陕西、山西、山东等地。

河北省内的防风栽培区域主要分布在张家口市的蔚县、阳原县、尚义县、沽源县、康保县，保定市的安国市、望都县、涞源县，石家庄市的鹿泉区、行唐县，承德市的平泉市、围场满族蒙古族自治县等地。

五、适宜性区划▼

（一）适宜性评价指标体系

1. 对温度的适宜性

最暖季平均温在 12 ～ 27℃时，防风生境适宜度随温度升高而增加；在高于 27℃后，其生境适宜度最佳，并保持不变。最冷季平均温在 –18 ～ 1℃时，其生境适宜度随温度升高而增加，在高于 1℃后，其生境适宜度最佳，并保持不变。昼夜温差月均值在 11℃以上时，其生境适宜度较高。

2. 对水分的适宜性

年平均降水量在 320 ～ 620mm 时，防风生境适宜度随降水量增加而增加；在 620 ～ 780mm 时，其生境适宜度随降水量增加而减少，随后保持恒定。最暖季降水量在 530mm 时，其生境适宜度较高。

3. 对土壤类型的适宜性

防风在简育灰色土、松软薄层土等土壤类型下有较高的生境适宜度；在钙积潜育土、饱和潜育土等土壤类型次之；而艳色雏形土则不适合其生长；其他土壤类型对其生境适宜度影响不大。

4. 对坡向的适宜性

防风在南向、东北向等坡向下有较高的生境适宜度；在西向等坡向下次之；而西北向、北向坡向则不适合其生长；其他坡向对其生境适宜度影响不大。

（二）生态适宜性评价

根据环境因子及相关数据，采用 Maxent 模型预测防风生态适宜分布区，利用 GIS 技术将其表现出来。防风在河北省区域内的适宜区主要分布在张家口市的宣化区、万全区，承德市的隆化县、双滦区等地；次适宜区主要分布在保定市的望都县、安国市，石家庄市的高邑县，邯郸市的广平县等地。

六、价格波动▼

防风的价格在 2019 年 1 月至 2021 年 1 月在 12 元 / 千克上下小幅波动；2021 年 12 月，价格上升至 27 元 / 千克并基本保持稳定；2022 年 7 月，价格下降至 23 元 / 千克；2023 年 2 月，价格陡升至 58 元 / 千克；2023 年 6 月，价格回落至 50 元 / 千克；2023 年 8 月，价格上升至 58 元 / 千克并保持稳定；2023 年 10 月至 12 月，价格陡降至 26 元 / 千克。

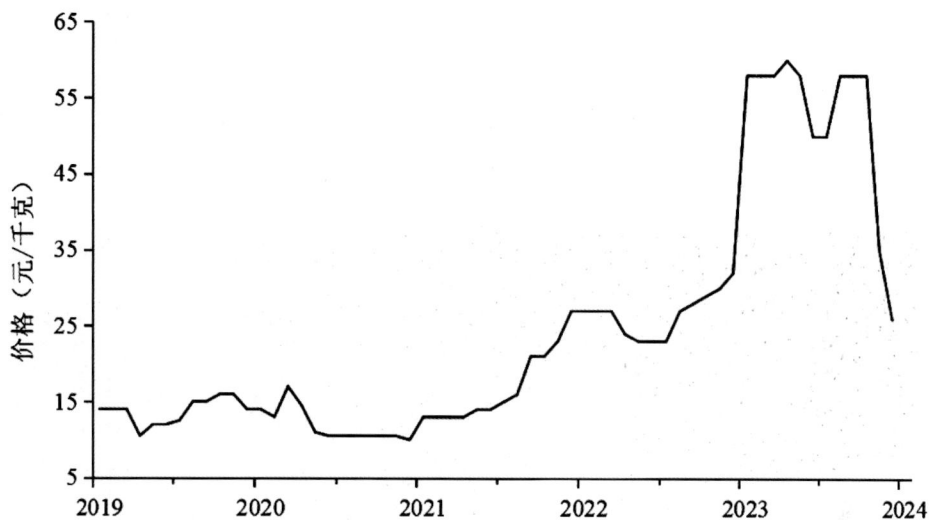

图 2-16-2　防风价格波动曲线图

参考文献

［1］王艺涵，赵佳琛，翁倩倩，等.经典名方中防风的本草考证［J］.中国
现代中药，2020，22（8）：1331-1339.

［2］滕发云.中草药防风的栽培管理技术［J］.畜牧兽医科技信息，2020（3）：
184-185.

［3］姜德斌.中药防风的高产栽培技术［J］.农业技术与装备，2020（1）：
154.

［4］张龙.防风高产栽培技术［J］.河北农业，2018（2）：9-10.

［5］赵常英.中药防风栽培品与野生品药材性状显微组织差异对比［J］.中
医临床研究，2017，9（25）：19-20.

［6］胥苗苗.水分胁迫对防风质量、生理生态特性及关键酶活性影响［D］.
长春：吉林农业大学，2016.

［7］崔振刚.中药材防风的用途和其栽培种植技术的应用［J］.黑龙江医药，
2014，27（4）：817-821.

图 2-17-1　野葛植物图

一、来源▼

葛根为豆科植物野葛 *Pueraria lobata*（Willd.）Ohwi 的干燥根。习称野葛。秋、冬二季采挖，趁鲜切成厚片或小块，干燥。《中华人民共和国药典》2020 年版（一部）收载。

二、形态特征▼

野葛为粗壮藤本，长可达 8m，全体被黄色长硬毛，茎基部木质，有粗厚的块状根。羽状复叶具 3 小叶；托叶背着，卵状长圆形，具线条；小托叶线状披针形，与小叶柄等长或较长；小叶三裂，偶尔全缘，顶生小叶宽卵形或斜卵形，长 7～15（～19）cm，宽 5～12（～18）cm，先端长渐尖，侧生小叶斜卵形，稍小，上面被淡黄色、平伏的疏柔毛，下面较密；小叶柄被黄褐色茸毛。总状花序长 15～30cm，中部以上有颇密集的花；苞片线状披针形至线形，远比小苞片长，早落；小苞片卵形，长不及 2mm；花 2～3 朵聚生于花序轴的节上；花萼钟形，长 8～10mm，被黄褐色柔毛，裂片披针形，渐尖，比萼管略长；花冠长 10～12mm，紫色，旗瓣倒卵形，基部有 2 耳及 1 黄色硬痂状附属体，具短瓣柄，翼瓣镰状，较龙骨瓣为狭，基部有线形、向下的耳，龙骨瓣镰状长圆形，基部有极小、急尖的耳；对旗瓣的 1 枚雄蕊仅上部离生；子房线形，被毛。荚果长椭圆形，长 5～9cm，宽 8～11mm，扁平，被褐色长硬毛。花期 9～10 月，果期 11～12 月。

三、生物学特性▼

野葛具有耐寒、抗旱、耐贫瘠的特点，从海拔 100m 的低谷到海拔 2000m 的高山均有分布。野葛通常生长在向阳湿润的山坡、林地路旁，喜温暖、潮湿的环境，对土壤适应性强，在疏松肥沃、排水良好的壤土或沙壤土中长势较好，也可生长在荒山石砾、悬崖峭壁缝隙上，只要有 30cm 深以上的土层即可扎根生长。

四、种植现状及分布▼

我国野葛的分布区域主要集中在云南、四川、贵州、湖北、湖南、浙江、江西、福建、广西、广东、海南和台湾等地。

河北省内的野葛栽培区域主要分布在邯郸市的涉县、峰峰矿区，保定市的莲池区，唐山市的迁安市，石家庄市的元氏县，邢台市的隆尧县等地。

五、适宜性区划▼

（一）适宜性评价指标体系

1. 对温度的适宜性

最暖季的平均温变化范围在 12 ～ 26℃时，野葛的生境适宜度随着温度的升高而增加，于 26℃达到最大值；在 26℃之后其生境适宜度随温度升高而减少，直至 27℃达到最小值，而后保持稳定。最冷季平均温变化范围在 –18 ～ 1℃时，野葛的生境适宜度随温度的升高而增加，于 1℃达到最大值；1℃之后其生境适宜度随温度升高而逐渐降低。适宜葛根生长的年平均温度在 13℃左右。

2. 对水分的适宜性

年平均降水量在 325 ～ 520mm 时，野葛的生境适宜度随着降水量的升高而逐渐增加，并于 520mm 达到最佳；高于 520mm 时，其生境适宜度随着降水量的升高而减少。

3. 对土壤类型的适宜性

在过渡性红砂土、城镇工矿区土壤类型下，野葛的生境适宜度较高；黑色石灰薄层土等薄层土土壤类型下次之；在石灰性冲积土的土壤类型下，其生境适宜度较低；其他土壤类型对野葛的生境适宜度无较大影响。

4. 对植被类型的适宜性

野葛在两年三熟或一年两熟的旱作和落叶果树园、亚高山硬叶常绿阔叶灌丛的植被类型下有较高的生境适宜度；一年一熟的粮食作物、耐寒经济作物和落叶果树园，以及温带落叶阔叶林的植被类型次之；其他植被类型对野葛的生境适宜度没有较大影响。

（二）生态适宜性评价

根据环境因子及相关数据，采用 Maxent 模型预测野葛生态适宜分布区，利用 GIS 技术将其表现出来。野葛在河北省区域内的生态适宜区主要分布在石家庄市的无极县、正定县、元氏县、赞皇县，邢台市的临城县、内丘县、信都区等地；次适宜区主要分布在保定市的安国市、望都县、易县，邢台市的沙河市等地。

六、价格波动▼

葛根的价格在 2019 年 1 月至 11 月保持稳定至 5.5 元 / 千克；在 2019 年 12 月至 2022 年 1 月，价格保持稳定至 6 元 / 千克；2022 年 2 月至 2023 年 6 月，价格保持稳定至 7 元 / 千克；2023 年 7 月至年末，价格小幅上升至 9 元 / 千克。

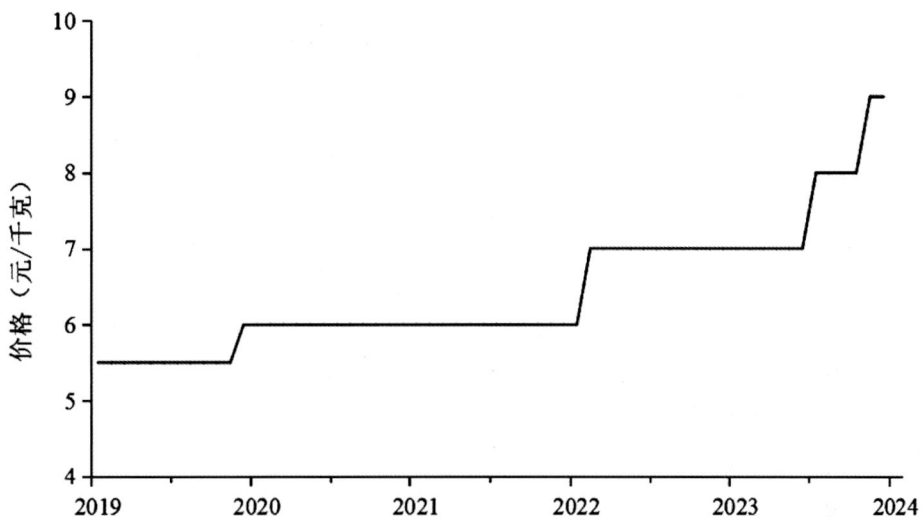

图 2-17-2　葛根价格波动曲线图

参考文献

［1］莫周美，张秀芬，刘连军.葛根种质资源及其开发利用研究［J］.现代农业科技，2018（18）：70-71.

［2］王秀全，李建辉，李艺坚，等.浅析葛根种质资源开发与利用产业化策略［J］.热带农业工程，2018，42（1）：10-13.

［3］钱秀英.葛根栽培技术要点［J］.农业技术与装备，2017（4）：60-62.

［4］江朝福，苏水高，黄琦，等.横峰县葛根栽培及鲜葛加工技术［J］.南方农业，2016，10（15）：251-252.

［5］王峰.12种山西野葛形态解剖学及其生态环境研究［D］.太原：山西大学，2015.

［6］刘惠芳.葛根高产优质栽培技术要点［J］.现代园艺，2015（9）：54.

［7］肖淑贤，李安平，范圣此，等.葛根种质资源研究进展［J］.山西农业科学，2013，41（1）：99-102.

第二章　根及根茎类

关黄柏

PHELLODENDRI AMURENSIS CORTEX

图 2-18-1　黄檗植物图

一、来源▼

关黄柏为芸香科植物黄檗 *Phellodendron amurense* Rupr. 的干燥树皮。剥取树皮，除去粗皮，晒干。《中华人民共和国药典》2020 年版（一部）收载。

二、形态特征▼

黄檗为多年生木本，树高 10～20m，大树高达 30m，胸径 1m。枝扩展，成年树的树皮有厚木栓层，浅灰或灰褐色，深沟状或不规则网状开裂；内皮薄，鲜黄色，味苦，黏质；小枝暗紫红色，无毛。叶轴及叶柄均纤细，有小叶 5～13 片；小叶薄纸质或纸质，卵状披针形或卵形，长 6 ～ 12cm，宽 2.5 ～ 4.5cm，顶部长渐尖，基部阔楔形，一侧斜尖，或为圆形，叶缘有细钝齿和缘毛，叶面无毛或中脉有疏短毛，叶背仅基部中脉两侧密被长柔毛，秋季落叶前叶色由绿转黄而明亮，毛被大多脱落。花序顶生；萼片细小，阔卵形，长约 1mm；花瓣紫绿色，长 3 ～ 4mm；雄花的雄蕊比花瓣长，退化雌蕊短小。果圆球形，径约 1cm，蓝黑色，通常有 5 ～ 8（～ 10）浅纵沟，干后较明显；种子通常 5 粒。花期 5 ～ 6 月，果期 9 ～ 10 月。

三、生物学特性▼

黄檗多生于山地杂木林中或山区河谷沿岸。黄檗适应性强，喜阳光，耐严寒，适宜在平原或低丘陵坡地、路旁、住宅旁及溪河附近水土较好的地方种植。

四、种植现状及分布▼

我国黄檗的分布区域主要集中在东北和华北各省，安徽北部、河南、宁夏、内蒙古等地也有少量栽种。

河北省内的黄檗栽培区域主要分布在保定市的安国市、承德市的兴隆县。

五、适宜性区划▼

（一）适宜性评价指标体系

1. 对温度的适宜性

最暖季的平均温变化范围为 0 ～ 23℃时，黄檗的生境适宜度随温度升高而增加，在 23℃时达到最大值；在 23℃以上时，其生境适宜度随温度升高而减少，在 27℃时达到最小值；在 27℃以上时，其生境适宜度随温度升高而保持不变。最冷季平均温在 –7.8℃时，其生境适宜度达到最大值；在 –7.8℃以上时，其生境适宜度随温度升高而减少，并逐渐趋于平稳。

2. 对水分的适宜性

随着年平均降水量的增加，黄檗的生境适宜度逐渐增加；年平均降水量在 750mm 时，其生境适宜度达到最佳，而后保持稳定。

3. 对土壤类型的适宜性

黄檗在过渡性红砂土土壤类型下，生境适宜度最佳；在饱和薄层土土壤类型下，其生境适宜度较低；其他土壤类型对其生境适宜度影响不大。

4. 对植被类型的适宜性

黄檗在植被类型为温带草丛、温带落叶阔叶林中，有较高的生境适宜度；亚高山硬叶常绿阔叶灌丛、温带草原化灌木荒漠次之；温带落叶灌丛则不适宜关黄柏的生长。

（二）生态适宜性评价

根据环境因子及相关数据，采用 Maxent 模型预测关黄柏生态适宜分布区，利用 GIS 技术将其表现出来。黄檗在河北省区域内的生态适宜区主要分布在秦皇岛市的青龙满族自治县，承德市的平泉市、隆化县、丰宁满族自治县，保定市的易县等地；次适宜区在承德市的兴隆县，唐山市的迁安市，保定市的满城区等地。

六、价格波动▼

关黄柏的价格在 2019 年 1 月至 2021 年 5 月自 15 元 / 千克逐渐上升至 26 元 / 千克；2021 年 6 月，价格陡升至 50 元 / 千克并保持稳定；2022 年 7 月，价格上升至 75 元 / 千克；2022 年 10 月，价格下降至 65 元 / 千克并保持稳定；2023 年 4 月，价格上升至 70 元 / 千克并保持稳定。

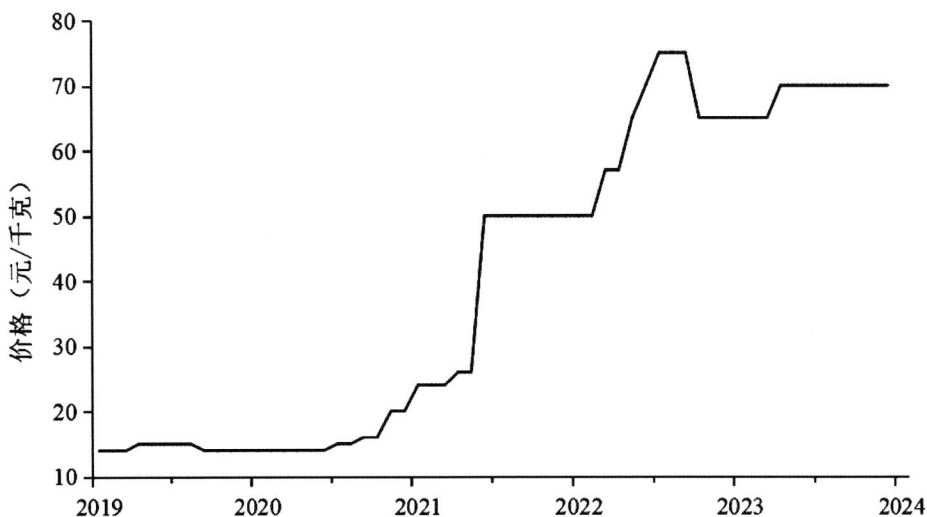

图 2-18-2　关黄柏价格波动曲线图

参考文献

［1］张丽月，刘秀峰．黄柏的本草考证［J］．亚太传统医药，2019，15（5）：94-96.

［2］魏颖，李雪瑶，陈维佳，等．中国关黄柏资源及其开发利用研究进展

［J］.人参研究，2019，31（2）：44-51.

［3］杨俐，孟祥霄，李洪运，等.川黄柏和关黄柏全球产地生态适宜性分析
　　［J］.中国实验方剂学杂志，2019，25（4）：167-174.

［4］陈瑶.关黄柏药材化学特性与环境因子的相关性研究［D］.北京：北京
　　协和医学院，2017.

［5］李保柱.黄柏形态特征及繁育栽培技术［J］.现代农村科技，2017（3）：
　　41.

［6］陈瑶，张志鹏，张阳，等.关黄柏药材及产区土壤无机元素含量特征分
　　析［J］.中国农学通报，2016，32（18）：121-129.

POLYGONI MULTIFLORI RADIX

图 2-19-1　何首乌植物图

一、来源▼

何首乌为蓼科植物何首乌 *Polygonum multiflorum* Thunb. 的干燥块根。秋、冬二季叶枯萎时采挖，削去两端，洗净，个大的切成块，干燥。《中华人民共和国药典》2020 年版（一部）收载。

二、形态特征▼

何首乌为多年生草本。块根肥厚，长椭圆形，黑褐色。茎缠绕，长 2 ~ 4m，多分枝，具纵棱，无毛，微粗糙，下部木质化。叶卵形或长卵形，长 3 ~ 7cm，宽 2 ~ 5cm，顶端渐尖，基部心形或近心形，两面粗糙，边缘全缘；叶柄长 1.5 ~ 3cm；托叶鞘膜质，偏斜，无毛，长 3 ~ 5mm。花序圆锥状，顶生或腋生，长 10 ~ 20cm，分枝开展，具细纵棱，沿棱密被小突起；苞片三角状卵形，具小突起，顶端尖，每苞内具 2 ~ 4 花；花梗细弱，长 2 ~ 3mm，下部具关节，果时延长；花被 5 深裂，白色或淡绿色，花被片椭圆形，大小不相等，外面 3 片较大背部具翅，果时增大，花被果时外形近圆形，直径 6 ~ 7mm；雄蕊 8，花丝下部较宽；花柱 3，极短，柱头头状。瘦果卵形，具 3 棱，长 2.5 ~ 3mm，黑褐色，有光泽，包于宿存花被内。花期 8 ~ 9 月，果期 9 ~ 10 月。

三、生物学特性▼

何首乌喜温暖潮湿气候，忌干燥和积水，以上层深厚、疏松肥沃、排水良好、腐殖质丰富的沙壤土中栽培为宜；黏土不宜种植。何首乌通常生长在海拔 200 ~ 3000m 的山谷灌丛、山坡林下、沟边石隙中。

四、种植现状及分布▼

我国何首乌的分布区域主要集中在陕西南部、甘肃南部、华东、华中、华南、四川、云南及贵州等地。

河北省内的何首乌栽培区域主要分布在邢台市的内丘县、信都区等地。

五、适宜性区划▼

（一）适宜性评价指标体系

1. 对温度的适宜性

最暖季的平均温变化范围在 12 ～ 26℃时，随着温度的升高，何首乌的生境适宜度逐渐增加，在 26℃时达到最佳；其生境适宜度在 26℃后随温度升高而减少，直至 27℃保持稳定。最冷季的平均温变化范围在 –18 ～ 1℃时，其生境适宜度随温度的升高而增加，在 1℃达到最佳，而后保持平稳。适宜何首乌生长的年平均温度在 14℃左右。

2. 对水分的适宜性

何首乌的生境适宜度在降水量 620 ～ 740mm 时，随着降水量的增加而逐渐增加，并于 740mm 时达到最佳；降水量大于 740mm 时，其生境适宜度保持平稳。

3. 对土壤类型的适宜性

何首乌在简育盐土、潜育黑土土壤类型下生境适宜度较高；城镇工矿区、不饱和雏形土土壤类型下次之；其他土壤类型对其生境适宜度无较大影响。

4. 对海拔的适宜性

海拔在 0 ～ 100m 时，何首乌的生境适宜度随海拔升高而增加；在 100m 以上时，其生境适宜度随海拔升高而逐渐减少。

（二）生态适宜性评价

根据环境因子及相关数据，采用 Maxent 模型预测何首乌生态适宜分布区，利用 GIS 技术将其表现出来。何首乌在河北省区域内的生态适宜区主要分布在石家庄市的元氏县、赞皇县，邢台市的内丘县、信都区，邯郸市的武安市、磁县等地；次适宜区主要分布在石家庄市的平山县、灵寿县，保定市的望都县、安国市，邢台市的沙河市，邯郸市的涉县等地。

六、价格波动▼

何首乌的价格在 2019 年 1 月至 2020 年 8 月自 18 元 / 千克下降至 13 元 / 千克；2021 年 7 月，价格回升至 16 元 / 千克并保持稳定；2023 年 8 月，价格上升至 23 元 / 千克并保持稳定。

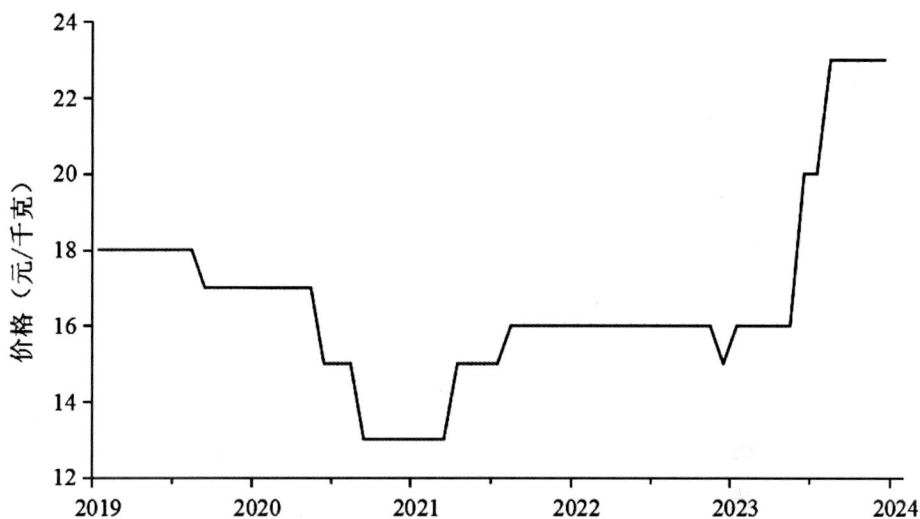

图 2-19-2　何首乌价格波动曲线图

参考文献

[1] 王浩.何首乌药材生产技术研究[D].广州：广东药科大学，2020.

[2] 柳敏，曾援，黄晓旭，等.何首乌栽培、化学成分及炮制加工研究进展[J].耕作与栽培，2019（5）：27-30.

[3] 李梦，余意，张小波，等.基于不同方法的何首乌分布区划研究[J].中国中药杂志，2019，44（19）：4082-4089.

[4] 张春荣，程轩轩，周良云，等.广东省野生与栽培何首乌资源调查[J].中国现代中药，2018，20（6）：648-651.

[5] 吴庆华，韦荣昌，唐小平，等.何首乌无架栽培试验[J].现代中药研究与实践，2017，31（6）：4-6.

[6] 黄志海，徐文，张靖，等.中药何首乌全球生态适宜性分析[J].世界中医药，2017，12（5）：982-985.

[7] 张雪飞，胡卫平，杜一新.何首乌种苗繁育技术[J].世界热带农业信息，2016（3）：5-7.

PINELLIA PEDATISECTA

图 2-20-1　虎掌植物图

一、来源▼

虎掌南星为天南星科植物虎掌 *Pinellia pedatisecta* Schott 干燥块茎。秋、冬二季茎叶枯萎时采挖，除去须根及外皮，干燥。《中华人民共和国药典》2020 年版（一部）收载。

二、形态特征▼

虎掌块茎呈扁球形，直径可达 6cm，表皮黄色，有时淡红紫色。鳞叶绿白色、粉红色，有紫褐色斑纹。叶 1，叶柄长 40～80cm，中部以下具鞘，鞘部粉绿色，上部绿色，有时具褐色斑块；叶片放射状分裂，裂片无定数；幼株少至 3～4 枚，多年生植株多至 20 枚，常 1 枚上举，余放射状平展，披针形、长圆形、椭圆形，无柄，长（6～）8～24cm，宽 6～35mm，长渐尖，具线形长尾（长可达 7cm）或否。花序柄比叶柄短，直立，果时下弯或否。佛焰苞绿色，背面有清晰的白色条纹，或淡紫色至深紫色而无背面条纹，管部圆筒形，长 4～8mm，粗 9～20mm；喉部边缘截形或稍外卷；檐部通常颜色较深，三角状卵形至长圆状卵形，有时为倒卵形，长 4～7cm，宽 2.2～6cm，先端渐狭，略下弯，有长 5～15cm 的线形尾尖或否。肉穗花序单性，雄花序长 2～2.5cm，花密；雌花序长约 2cm，粗 6～7mm；各附属器棒状、圆柱形，中部稍膨大或否，直立，长 2～4.5cm，中部粗 2.5～5mm，先端钝，光滑，基部渐狭；雄花序的附属器下部光滑或有少数中性花，雌花序的附属器下部具多数中性花。雄花具短柄，淡绿色、紫色至暗褐色，雄蕊 2～4，药室近球形，顶孔开裂成圆形。雌花子房卵圆形，柱头无柄。果序柄下弯或直立，浆果红色，种子 1～2，球形，淡褐色。花期 5～7 月，果 9 月成熟。

三、生物学特性▼

虎掌喜冷凉、湿润气候和阴湿环境，怕强光，种植时应适度荫蔽或与高秆作物、林木间作。虎掌适宜在湿润、疏松、肥沃、富含腐殖质的壤土或沙壤土中栽培；黏土及洼地不宜种植；山区则可在山间沟谷、溪流两岸或疏林下的阴湿地中种植。忌连作。

四、种植现状及分布▼

我国虎掌的分布区域除内蒙古、黑龙江、吉林、辽宁、山东、江苏、新疆外都有分布。

河北省内的虎掌栽培区域主要分布在保定市的安国市、望都县、涞水县，石家庄市的鹿泉区、元氏县，秦皇岛市的卢龙县，张家口市的赤城县，邯郸市的广平县等地。

五、适宜性区划▼

（一）适宜性评价指标体系

1. 对温度的适宜性

最暖季的平均温变化范围在 10 ～ 26℃时，虎掌的生境适宜度随着温度升高而增加，于 26℃时达到最佳；在 26℃以上时，其生境适宜度随温度升高而减少，直至 27℃达到最小值，而后保持稳定。最冷季的平均温变化范围在 –18 ～ –12.5℃时，虎掌的生境适宜度随温度升高而增加，于 –12.5℃时达到最小值；–12.5℃以上时，其生境适宜度随温度升高而增加，于 1℃时达到最佳，而后并保持不变。适宜虎掌生长的年平均温度在 13℃左右。

2. 对水分的适宜性

年平均降水量在 325 ～ 520mm 时，虎掌的生境适宜度随着降水量的增加而逐渐增加，并于 520mm 时达到最佳；降水量在 520mm 以上时，随着降水量的增加，其生境适宜度逐渐降低，并于 740mm 时达到最小值，而后保持不变。

3. 对土壤类型的适宜性

虎掌在潜育黑土、城镇工矿区土壤类型下生境适宜度较高；在不饱和雏形土土壤类型下次之；在潜育高活性淋溶土土壤类型下，其生境适宜度较低；其他土壤类型对虎掌南星的生境适宜度无较大影响。

4. 对海拔的适宜性

海拔在 0 ～ 100m 时，虎掌的生境适宜度随海拔升高而增加；海拔在 100m 以上时，其生境适宜度随海拔升高而逐渐下降。

（二）生态适宜性评价

根据环境因子及相关数据，采用 Maxent 模型预测虎掌生态适宜分布区，利用 GIS 技术将其表现出来。虎掌在河北省区域内的适宜区主要分布在保定市的安国市、望都县、定州市，石家庄市的行唐县、灵寿县、鹿泉区、元氏县、赞皇县等地；次适宜区主要分布在邢台市的内丘县、信都区，邯郸市的武安市，秦皇岛市的抚宁区，唐山市的迁安市等地。

六、价格波动▼

虎掌南星的价格在 2019 年 1 月至 2020 年 6 月自 14 元 / 千克上升至 25 元 / 千克，直至 2020 年 11 月价格维持不变；2021 年 2 月，价格小幅下降至 16 元 / 千克；2021 年 3 月至 2023 年 8 月，价格逐渐上升至 45 元 / 千克并保持稳定，直至 2023 年末。

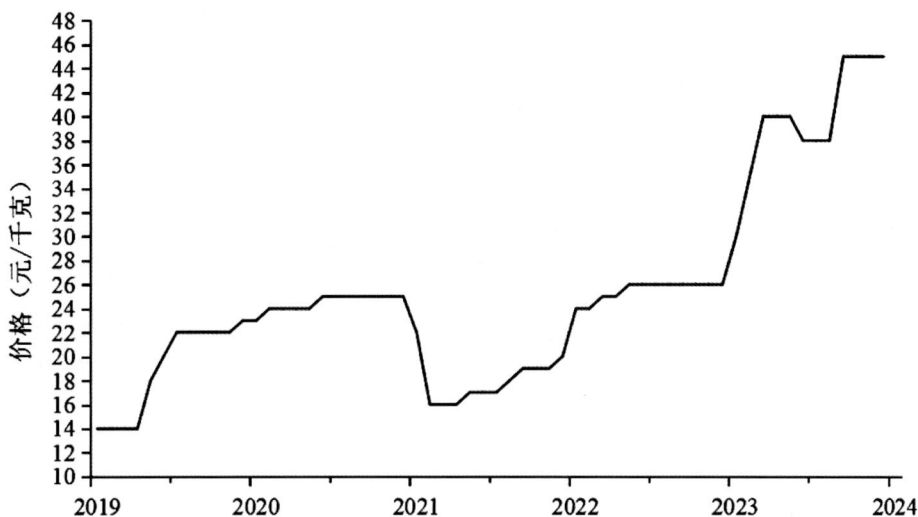

图 2-20-2　虎掌南星价格波动曲线图

参考文献

[1]曹淼淼，朱建光，张振凌，等.虎掌南星加工炮制一体化工艺优化［J］.中成药，2020，42（5）：1269-1275.

[2]曹宗军，蒋学杰.天南星无公害种植技术［J］.特种经济动植物，2017，20（2）：41.

[3]孙稚颖，周凤琴，于金宝.虎掌南星规范化种植技术［J］.中国现代中药，2013，15（9）：769-772.

[4]陆丹，池玉梅，赵懿清，等.虎掌南星药材的质量标准研究［J］.中成药，2013，35（6）：1274-1278.

[5]李彦文，李志勇，郭庆梅，等.虎掌南星的本草考证［J］.现代中药研究与实践，2012，26（4）：18-20.

[6]孙稚颖，周凤琴.虎掌南星药材产地加工方法的初步研究［J］.中国现代中药，2009，11（3）：28-29&39.

[7]赫炎，张启伟，孙洁，等.虎掌南星炮制工艺研究［J］.中国中药杂志，2004（10）：38-41.

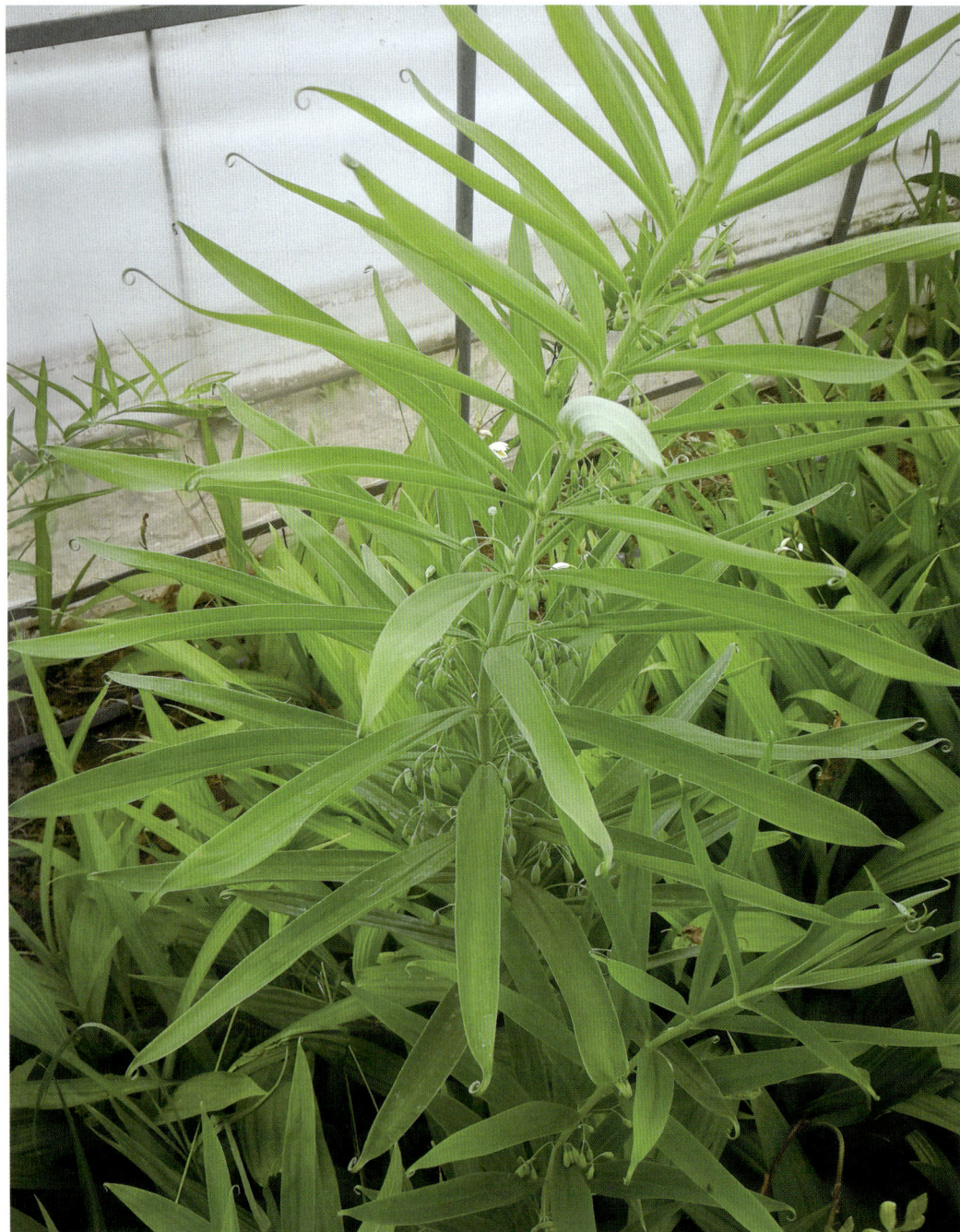

图 2-21-1 黄精植物图

一、来源 ▼

黄精为百合科植物黄精 *Polygonatum sibiricum* Red.、滇黄精 *Polygonatum kingianum* Coll. et Hemsl. 或多花黄精 *Polygonatum cyrtonema* Hua 的燥根茎。按形状不同，习称"鸡头黄精""大黄精""姜形黄精"。春、秋二季采挖，除去须根，洗净，置沸水中略烫或蒸至透心，干燥。《中华人民共和国药典》2020 年版（一部）收载。

二、形态特征 ▼

黄精为根状茎，呈圆柱状，由于结节膨大，因此"节间"一头粗，另一头细，在粗的一头有短分枝，直径 1～2cm。茎高 50～90cm，或可达 1m 以上，有时呈攀缘状。叶轮生，每轮 4～6 枚，条状披针形，长 8～15cm，宽（4～）6～16mm，先端拳卷或弯曲成钩。花序通常具 2～4 朵花，似成伞形状，总花梗长 1～2cm，花梗长（2.5～）4～10mm，俯垂；苞片位于花梗基部，膜质，钻形或条状披针形，长 3～5mm，具 1 脉；花被乳白色至淡黄色，全长 9～12mm，花被筒中部稍缢缩，裂片长约 4mm；花丝长 0.5～1mm，花药长 2～3mm；子房长约 3mm，花柱长 5～7mm。浆果直径 7～10mm，黑色，具 4～7 颗种子。花期 5～6 月，果期 8～9 月。

三、生物学特性 ▼

黄精适合生长在湿润和有充分荫蔽的地块，以质地疏松、保水力好的壤土或沙壤土为宜。黄精若遇干旱天气或种在较向阳、干旱的地方，需要及时浇水，喜荫蔽。

四、种植现状及分布 ▼

我国黄精的分布区域主要集中在黑龙江、吉林、辽宁、河北、山西、陕西、内蒙古、宁夏、河南、山东、甘肃（东部）、安徽（东部）、浙江（西北部）等地。

多花黄精的分布区域主要集中在我国贵州、湖南、云南、安徽、浙江等地。

滇黄精的分布区域主要集中在我国贵州、广西、云南等地。

河北省内的黄精栽培区域主要分布在保定市的安国市、蠡县、涞源县，承德市的兴隆县、平泉市、丰宁满族自治县，秦皇岛市的海港区、青龙满族自治县，邢台市的信都区、临城县、内丘县，邯郸市的涉县，张家口市的怀来县、张北县等地。

第二章　根及根茎类

五、适宜性区划▼

（一）适宜性评价指标体系

1. 对温度的适宜性

最暖季平均温在 23.8℃时，黄精的生境适宜度达到最大值；在高于 23.8℃时，其生境适宜度随温度升高而减少。最冷季平均温变化范围在 –18 ～ –7.8℃时，其生境适宜度随温度升高而逐渐增加；高于 –7.8℃时，其生境适宜度随温度升高而稍有下降。最湿季平均温在 22.3℃时，黄精的生境适宜度最高；在 20 ～ 26℃时，其生境适宜度较高。

2. 对水分的适宜性

年平均降水量在 320 ～ 660mm 时，黄精的生境适宜度随年均降水量的增加而增加；在 660mm 以上时，其生境适宜度逐渐下降。黄精的生境适宜度随着最湿季降水量的增加而下降。

3. 对海拔的适宜性

海拔在 2700m 以下时，黄精的生境适宜度随着海拔的升高而减少，在 2700m 时达到最低；超过 2700m 后，其生境适宜度趋于平稳。

4. 对土壤类型的适宜性

黄精在黑色石灰薄层土、饱和薄层土土壤类型下有较高的生境适宜度；饱和疏松岩性土、钙积高活性淋溶土等土壤类型次之；其他土壤类型对其生境适宜度影响较小。

（二）生态适宜性评价

根据环境因子及相关数据，采用 Maxent 模型预测黄精生态适宜分布区，利用 GIS 技术将其表现出来。黄精在河北省区域内的生态适宜区主要分布在承德市的隆化县、滦平县、承德县等地；次适宜区主要分布在秦皇岛市的青龙满族自治县、北戴河区，邢台市的信都区、内丘县等地。

六、价格波动▼

黄精的价格在 2019 年 1 月至 2021 年 6 月一直稳定在 70 元 / 千克上下；2021 年 7 月，价格上升至 75 元 / 千克，后持续至 2022 年 5 月；2022 年 6 月至 2023 年 3 月，价格阶段性降低至 62 元 / 千克；2023 年 10 月回升至 65 元 / 千克，而后保持 65 元 / 千克直至 2023 年末。

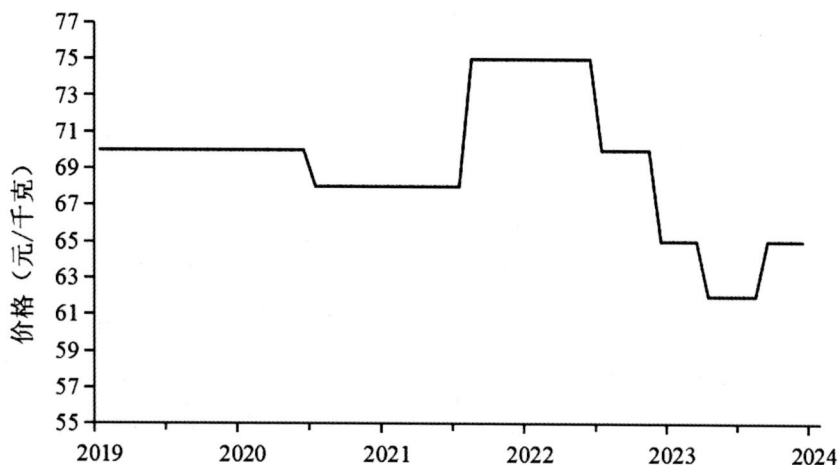

图 2-21-2　黄精价格波动曲线图

参考文献

［1］刘京晶，斯金平 . 黄精本草考证与启迪［J］. 中国中药杂志，2018，43（3）：631-636.

［2］饶宝蓉，刘忠辉，周先治，等 . 栽培基质对多花黄精组培苗生长的影响［J］. 中草药，2020，51（24）：6337-6344.

［3］罗春梅，刘爱民，杨丽娟，等 . 光照对滇黄精栽培生长的影响试验［J］. 云南农业科技，2020（6）：9-10.

［4］雷云仙 . 多花黄精的特征特性及林下栽培技术［J］. 现代农业科技，2020（22）：54-55.

［5］章鹏飞，张虹，张小波，等 . 多花黄精生态适宜性区划研究［J］. 中国中药杂志，2020，45（13）：3073-3078.

［6］张泽锐 . 多花黄精生殖特性与繁育栽培技术［D］. 杭州：浙江农林大学，2020.

图 2-22-1　黄芩植物图

一、来源▼

黄芩为唇形科植物黄芩 *Scutellaria baicalensis* Georgi 的干燥根。春、秋二季采挖，除去须根和泥沙，晒后撞去粗皮，晒干。《中华人民共和国药典》2020 年版（一部）收载。

二、形态特征▼

黄芩为多年生草本，根茎肥厚，肉质，径达 2cm，伸长而分枝。茎基部伏地，上升，高（15）30～120cm，基部径 2.5～3mm，钝四棱形，具细条纹，近无毛或被上曲至开展的微柔毛，绿色或带紫色，自基部多分枝。叶坚纸质，披针形至线状披针形，长 1.5～4.5cm，宽（0.3）0.5～1.2cm，顶端钝，基部圆形，全缘，上面暗绿色，无毛或疏被贴生至开展的微柔毛，下面色较淡，无毛或沿中脉疏被微柔毛，密被下陷的腺点，侧脉 4 对，与中脉上面下陷下面凸出；叶柄短，长 2mm，腹凹背凸，被微柔毛。花序在茎及枝上顶生，总状，长 7～15cm，常于茎顶聚成圆锥花序；花梗长 3mm，与序轴均被微柔毛；苞片下部者似叶，上部较小，卵圆状披针形至披针形，长 4～11mm，近于无毛。花萼开花时长 4mm，盾片高 1.5mm，外面密被微柔毛，萼缘被疏柔毛，内面无毛，果时花萼长 5mm，有高 4mm 的盾片。花冠紫、紫红至蓝色，长 2.3～3cm，外面密被具腺短柔毛，内面在囊状膨大处被短柔毛；冠筒近基部明显膝曲，中部径 1.5mm，至喉部宽达 6mm；冠檐 2 唇形，上唇盔状，先端微缺，下唇中裂片三角状卵圆形，宽 7.5mm，两侧裂片向上唇靠合。雄蕊 4，稍露出，前对较长，具半药，退化半药不明显，后对较短，具全药，药室裂口具白色髯毛，背部具泡状毛；花丝扁平，中部以下前对在内侧后对在两侧被小疏柔毛。花柱细长，先端锐尖，微裂。花盘环状，高 0.75mm，前方稍增大，后方延伸成极短子房柄。子房褐色，无毛。小坚果卵球形，高 1.5mm，径 1mm，黑褐色，具瘤，腹面近基部具果脐。花期 7～8 月，果期 8～9 月。

三、生物学特性▼

野生黄芩多生长在山顶、山坡、林缘、路旁等向阳较干燥的地方。黄芩喜温暖、耐严寒，成年植株地下部分在 −35℃低温下仍能安全越冬，35℃高温不致枯死，但不能经受 40℃以上的连续高温天气。黄芩耐旱怕涝，排水不良的土地不宜种植黄芩，地内积水或雨水过多则会生长不良，重者烂根死亡。种植黄芩的土壤以壤土和沙壤土为宜，以中性和微碱性土壤为好；忌连作。

四、种植现状及分布▼

我国黄芩的分布区域主要集中在河北、内蒙古、山西、甘肃、辽宁、甘肃等地。

河北省内的黄芩栽培区域主要分布在秦皇岛市的青龙满族自治县、抚宁区，承德市的隆化县、围场满族蒙古族自治县、滦平县、宽城满族自治县，张家口市的蔚县、赤城县、宣化区、涿鹿县，保定市的涞水县、涞源县，唐山市的迁西县，衡水市的枣强县等地。

五、适宜性区划▼

（一）适宜性评价指标体系

1. 对温度的适宜性

黄芩的生境适宜度随最暖季平均温的升高而增加，在 18℃时达到最佳。最冷季的平均温变化范围在 -18 ～ -13℃时，黄芩的生境适宜度随着温度升高而增加；在高于 -13℃时，随着温度升高，其生境适宜度逐渐降低。年平均气温在 14℃时，其生境适宜度达到最佳。

2. 对水分的适宜性

年平均降水量在 0 ～ 640mm 时，随着降水量的增加，黄芩的生境适宜度不断降低；在 640mm 时，黄芩的生境适宜度达到最小值；在高于 640mm 时，随着降水量的增加，其生境适宜度逐渐增加。

3. 对海拔的适宜性

海拔在 0 ～ 1100m 时，黄芩的生境适宜度随海拔的升高而增加；在 1100m 时，黄芩的生境适宜度达到最佳；高于 1100m 时，其生境适宜度随海拔的升高而逐渐下降。

4. 对植被类型的适宜性

在亚高山常绿针叶灌丛、温带草原化灌木荒漠的植被类型下，黄芩的生境适宜度较高；温带落叶灌丛，寒温带、温带沼泽次之；其他植被类型对黄芩的生境适宜度影响较小。

（二）生态适宜性评价

根据环境因子及相关数据，采用 Maxent 模型预测黄芩生态适宜分布区，利用 GIS 技术将其表现出来。黄芩在河北省区域内的生态适宜区主要分布在邯郸市的涉县、武安市，石家庄市的赞皇县等地；次适宜区主要分布在秦皇岛市的青龙满族自治县，承德市的宽城满族自治县、平泉市、滦平县，张家口市的蔚县等地。

六、价格波动▼

黄芩的价格在 2019 年至 2020 年 1 月稳定在 16 ～ 17 元 / 千克；在 2020 年 3 月陡升至

25元/千克；2020年4月至2021年1月，价格稳定至22元/千克；2021年2月至4月，价格上升为24元/千克；2021年5月至2022年12月，价格持续下降至17元/千克；2023年1月至11月，价格波动式上升至36元/千克；2023年12月，价格降低至32元/千克。

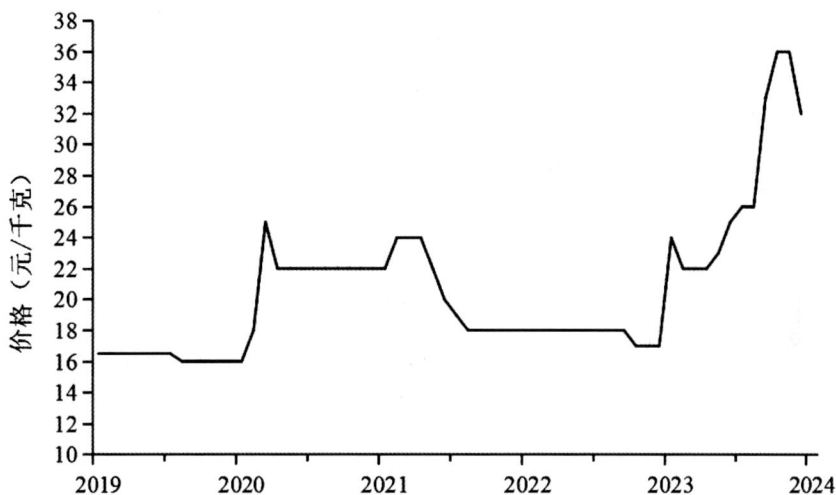

图2-22-2　黄芩价格波动曲线图

参考文献

[1] 丁文忠，孙翠萍，鲁元善.河西地区黄芩无公害栽培技术[J].农业开发与装备，2020（10）：191-192.

[2] 张增强.通渭县黄芩无公害栽培技术[J].现代农业科技，2019（19）：74-75.

[3] 叶士松.热河黄芩栽培管理技术[J].农业开发与装备，2019（5）：191.

[4] 王文涛，陈瑞，曹瑶，等.中药黄芩资源研究进展[J].陕西农业科学，2019，65（4）：87-91.

[5] 罗明亮.黄芩的生物学特性及规范化栽培技术[J].现代农业科技，2018（16）：75.

[6] 陆子芳.山西野生黄芩遗传多样性与有效成分分析[D].太原：山西大学，2018.

[7] 白玉成，杨邦民，赵晓玲，等.宜君县黄芩仿野生栽培技术[J].中国农业信息，2016（17）：116.

Huangqi 黄芪

ASTRAGALI RADIX

图 2-23-1　蒙古黄芪植物图

一、来源▼

黄芪为豆科植物蒙古黄芪 *Astragalus membranaceus*（Fisch.）Bge.var.*mongholicus*（Bge.）Hsiao 或膜荚黄芪 *Astragalus membranaceus*（Fisch.）Bge. 的干燥根。春、秋二季采挖，除去须根和根头，晒干。《中华人民共和国药典》2020 年版（一部）收载。

二、形态特征▼

蒙古黄芪为多年生草本，高 50～100cm。主根肥厚，木质，常分枝，灰白色。茎直立，上部多分枝，有细棱，被白色柔毛。羽状复叶有 13～27 片小叶，长 5～10cm；叶柄长 0.5～1cm；托叶离生，卵形，披针形或线状披针形，长 4～10mm，下面被白色柔毛或近无毛；小叶椭圆形或长圆状卵形，长 7～30mm，宽 3～12mm，先端钝圆或微凹，具小尖头或不明显，基部圆形，上面绿色，近无毛，下面被伏贴白色柔毛。总状花序稍密，有 10～20 朵花；总花梗与叶近等长或较长，至果期显著伸长；苞片线状披针形，长 2～5mm，背面被白色柔毛；花梗长 3～4mm，连同花序轴稍密被棕色或黑色柔毛；小苞片 2；花萼钟状，长 5～7mm，外面被白色或黑色柔毛，有时萼筒近于无毛，仅萼齿有毛，萼齿短，三角形至钻形，长仅为萼筒的 1/5～1/4；花冠黄色或淡黄色，旗瓣倒卵形，长 12～20mm，顶端微凹，基部具短瓣柄，翼瓣较旗瓣稍短，瓣片长圆形，基部具短耳，瓣柄较瓣片长约 1.5 倍，龙骨瓣与翼瓣近等长，瓣片半卵形，瓣柄较瓣片稍长；子房有柄，被细柔毛。荚果薄膜质，稍膨胀，半椭圆形，长 20～30mm，宽 8～12mm，顶端具刺尖，两面被白色或黑色细短柔毛，果颈超出萼外；种子 3～8 颗。花期 6～8 月，果期 7～9 月。

三、生物学特性▼

蒙古黄芪生长于中国温带和暖温带地区，喜日照、凉爽气候，耐旱，不耐涝。黄芪有较强的耐寒能力，多生长在山坡中、向阳坡的下部，还有林缘、灌丛、林间草地、疏林下及草甸等处。黄芪的地上部分不耐寒，霜降时节大部分叶子已脱落，冬季地上部分枯死，翌春重新由宿根发出新苗。蒙古黄芪的种子萌发温度比较低，播种的温度要求是平均气温约 8℃。

四、种植现状及分布▼

我国蒙古黄芪的分布区域主要集中在东北、华北及西部（甘肃、四川、西藏等）地区。河北省内的蒙古黄芪栽培区域主要分布在承德市的围场满族蒙古族自治县、丰宁满族自治县、隆化县，张家口市的蔚县、尚义县、康保县、赤城县，保定市的安国市、高碑店市，秦皇岛市的青龙满族自治县、卢龙县，邯郸市的磁县等地。

五、适宜性区划▼

（一）适宜性评价指标体系

1.对温度的适宜性

年平均温变化范围在 −2 ～ 8℃时，蒙古黄芪生境适宜度随温度升高而逐渐增加，在 8℃左右时，其生境适宜度最佳；而后，随着温度升高，其生境适宜度逐渐降低。最暖季平均温在 22℃时，其生境适宜度最佳；在 22℃以上时，随着温度升高其生境适宜度逐渐降低。最湿季平均温在 22℃时，其生境适宜度最佳；在 22℃以上时，随着温度升高其生境适宜度逐渐降低。

2.对水分的适宜性

年平均降水量在 680mm 时，蒙古黄芪的生境适宜度达到最佳；高于 680mm 时，其生境适宜度随年均降水量的增加而降低。

3.对海拔的适宜性

海拔在 500m 时，蒙古黄芪的生境适宜度达到最佳；在 500m 以上时，其生境适宜度随海拔升高而逐渐下降。

4.对植被类型的适宜性

蒙古黄芪在植被类型为温带禾草、杂类草盐生草甸，一年一熟的粮食作物及耐寒经济作物、落叶果树园中生境适宜度较高；植被类型为温带落叶灌丛、亚高山硬叶常绿阔叶灌丛次之；亚高山常绿针叶灌丛、温带草丛则不适黄芪生长。

（二）生态适宜性评价

根据环境因子及相关数据，采用 Maxent 模型预测蒙古黄芪生态适宜分布区，利用 GIS 技术将其表现出来。蒙古黄芪在河北省区域内的生态适宜区主要分布在承德市的围场满族蒙古族自治县、丰宁满族自治县，张家口市的沽源县、康保县等地；次适宜区主要分布在秦皇岛市的青龙满族自治县，承德市的隆化县，张家口市的阳原县、蔚县等地。

六、价格波动▼

黄芪的价格在 2019 年 1 月至 11 月在 10 元 / 千克上下波动；2019 年 12 月至 2020 年 3 月，价格持续上升至 15 元 / 千克，而后此价格持续至 2022 年 11 月；2022 年 12 月至 2023 年 12 月，价格上升逐渐至 22 元 / 千克。

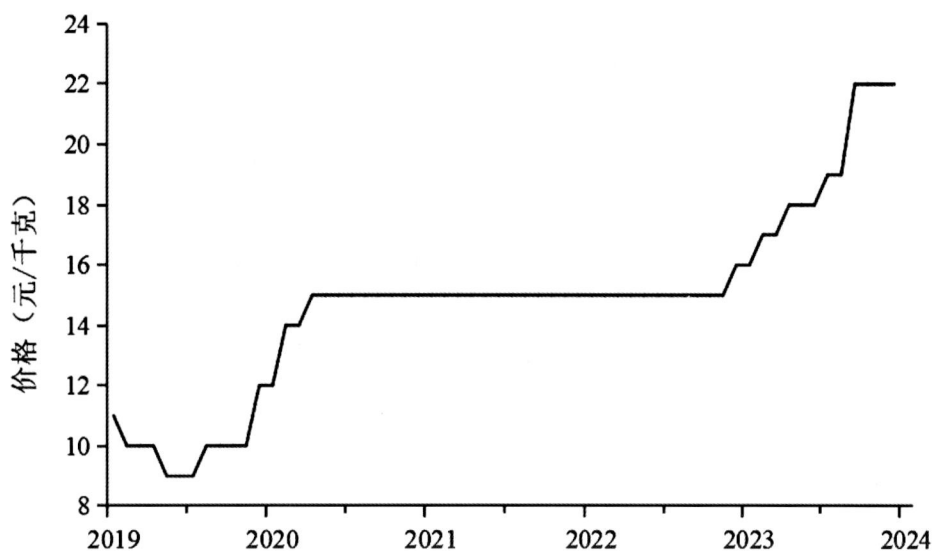

图 2-23-2　黄芪价格波动曲线图

参考文献

［1］梁永贤，史纹华，王登朝，等.沙漠盐碱地中药材黄芪关键栽培技术［J］.农业开发与装备，2020（11）：211-212.

［2］李洪，王彧超，王瑞军，等.黄芪种质资源研究与利用［J］.安徽农学通报，2020，26（20）：34.

［3］李波，赵倩，关瑜，等.产地对黄芪主产区形成的影响［J］.时珍国医国药，2020，31（1）：186-188.

［4］康传志，吕朝耕，黄璐琦，等.基于区域分布的常见中药材生态种植模式［J］.中国中药杂志，2020，45（9）：1982-1989.

［5］罗晋萍，宁红婷，郭景文，等.黄芪的药用品种考证与调查［J］.中国药品标准，2019，20（6）：474-481.

［6］孙海，金桥，吴虎平，等.环境因素对黄芪产量和品质的影响［J］.特产研究，2019，41（3）：118-122.

PLATYCODONIS RADIX

一、来源▼

桔梗为桔梗科植物桔梗 *Platycodon grandiflorum*（Jacq.）A. DC. 的干燥根。春、秋二季采挖，洗净，除去须根，趁鲜剥去外皮或不去外皮，干燥。《中华人民共和国药典》2020 年版（一部）收载。

二、形态特征▼

桔梗为多年生草本，茎高 20 ～ 120cm，通常无毛，偶密被短毛，不分枝，极少上部分枝。叶全部轮生、部分轮生至全部互生，无柄或有极短的柄；叶片卵形、卵状椭圆形至披针形，长 2 ～ 7cm，宽 0.5 ～ 3.5cm，基部宽楔形至圆钝，顶端急尖，上面无毛而绿色，下面常无毛而有白粉，有时脉上有短毛或瘤突状毛，边缘具细锯齿。花单朵顶生，或数朵集成假总状花序，或有花序分枝而集成圆锥花序；花萼筒部半圆球状或圆球状倒锥形，被白粉，裂片三角形，或狭三角形，有时齿状；花冠大，长 1.5 ～ 4.0cm，蓝色或紫色。蒴果球状，或球状倒圆锥形，或倒卵状，长 1 ～ 2.5cm，直径约 1cm。花期 7 ～ 9 月。

三、生物学特性▼

桔梗喜凉爽气候，耐寒、喜阳光。桔梗宜栽培在海拔 1100m 以下的丘陵地带、半阴半阳的沙壤土中，以富含磷钾肥的中性夹沙土为好。桔梗种子寿命为 1 年，在低温下贮藏，能延长种子寿命。

四、种植现状及分布▼

我国桔梗的分布区域主要集中在华北、华东、华中、东北各地，以及广东、广西、贵州、云南、四川、陕西等地。

河北省内的桔梗栽培区域主要分布在保定市的安国市、阜平县、涞源县、高碑店市，石家庄市的栾城区、平山县，秦皇岛市的青龙满族自治县，承德市的平泉市、隆化县、围场满族蒙古族自治县，唐山市的迁西县等地。

五、适宜性区划▼

（一）适宜性评价指标体系

1. 对温度的适宜性

最暖季的平均温变化范围在 12 ～ 26℃时，桔梗的生境适宜度随着温度的升高而增加，于 26℃时达到最佳；在 26℃以上时，其生境适宜度随温度升高而减少，直至 27℃达到最低，而后保持稳定不变。最冷季的平均温变化范围在 –17.5 ～ –11.5℃时，其生境适宜度随温度的升高而增加，于 –11.5℃达到最佳；在 –11.5℃以上时，其生境适宜度逐渐随温度升高而增加，并于 0.5℃达到最佳，而后保持不变。

2. 对水分的适宜性

年平均降水量在 300 ～ 750mm 时，桔梗的生境适宜度随着降水量的增加而逐渐增加，并于 750mm 达到最佳，而后保持不变。

3. 对土壤类型的适宜性

桔梗在石灰性砂性土、石灰性黑土土壤类型下生境适宜度较高；饱和雏形土、简育栗钙土土壤类型下次之；在石灰性冲积土、钙积高活性淋溶土土壤类型下，桔梗的生境适宜度较低。

4. 对海拔的适宜性

海拔在 0 ～ 50m 时，随着海拔的增加，桔梗的生境适宜度逐渐增加，在海拔 50m 时达到最佳；高于 50m 时，其生境适宜度逐渐降低。

（二）生态适宜性评价

根据环境因子及相关数据，采用 Maxent 模型预测桔梗生态适宜分布区，利用 GIS 技术将其表现出来。桔梗在河北省区域内的生态适宜区主要分布在秦皇岛市的青龙满族自治县，承德市的宽城满族自治县等地；次适宜区主要分布在邢台市的威县、清河县，衡水的枣强县，保定市的涞源县、易县，张家口市的蔚县、阳原县、尚义县、沽源县等地。

六、价格波动▼

桔梗的价格在 2019 年 1 月至 2020 年 2 月在 30 元 / 千克上下波动；2020 年 7 月至 11 月，价格由 32 元 / 千克持续下降至 26 元 / 千克，而后此价格持续至 2021 年 7 月；2021 年 7 月至 11 月，价格从 28 元 / 千克陡升至 38 元 / 千克；2022 年 4 月至 2023 年末，价格在 31 ～ 37 元 / 千克波动。

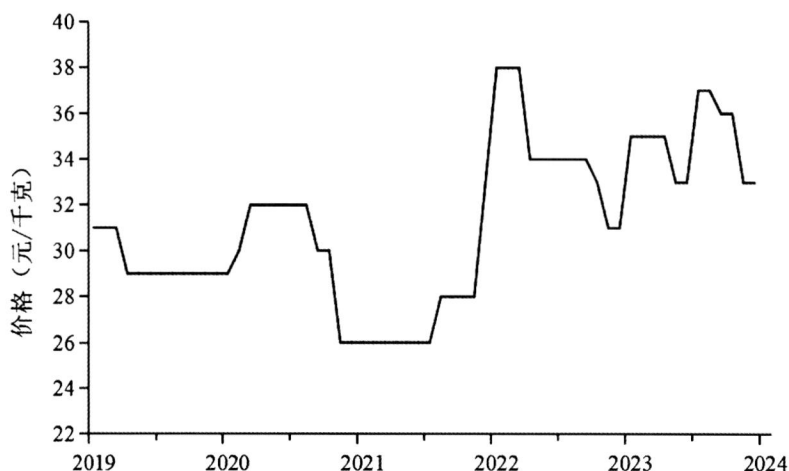

图 2-24-1　桔梗价格波动曲线图

参考文献

[1] 陈玉霞. 桔梗优质高产栽培技术 [J]. 农业科技与信息, 2020 (18): 36-37.

[2] 王志民. 浅析桔梗优质高产栽培技术 [J]. 种子科技, 2019, 37 (6): 103&107.

[3] 董光, 何兰, 程武学. 基于MaxEnt和GIS技术的桔梗适宜性分布区划研究 [J]. 中药材, 2019, 42 (1): 66-70.

[4] 岳彬. 药食两用桔梗栽培技术 [J]. 中国园艺文摘, 2017, 33 (9): 186-187.

[5] 张燕, 李阳, 李倩, 等. 桔梗种质资源研究新进展 [J]. 中国野生植物资源, 2017, 36 (3): 53-56.

[6] 熊丙全, 廖相建, 阳淑, 等. 四川地区桔梗优质高产栽培技术 [J]. 四川农业科技, 2017 (3): 9-11.

[7] 李国清, 毕研文, 陈宝芳, 等. 中草药桔梗人工栽培研究进展 [J]. 农学学报, 2016, 6 (7): 55-59.

[8] 杨菲菲, 郭旭, 胡本祥, 等. 桔梗用途的多样性及定向培育的研究进展 [J]. 现代生物医学进展, 2015, 15 (14): 2751-2756.

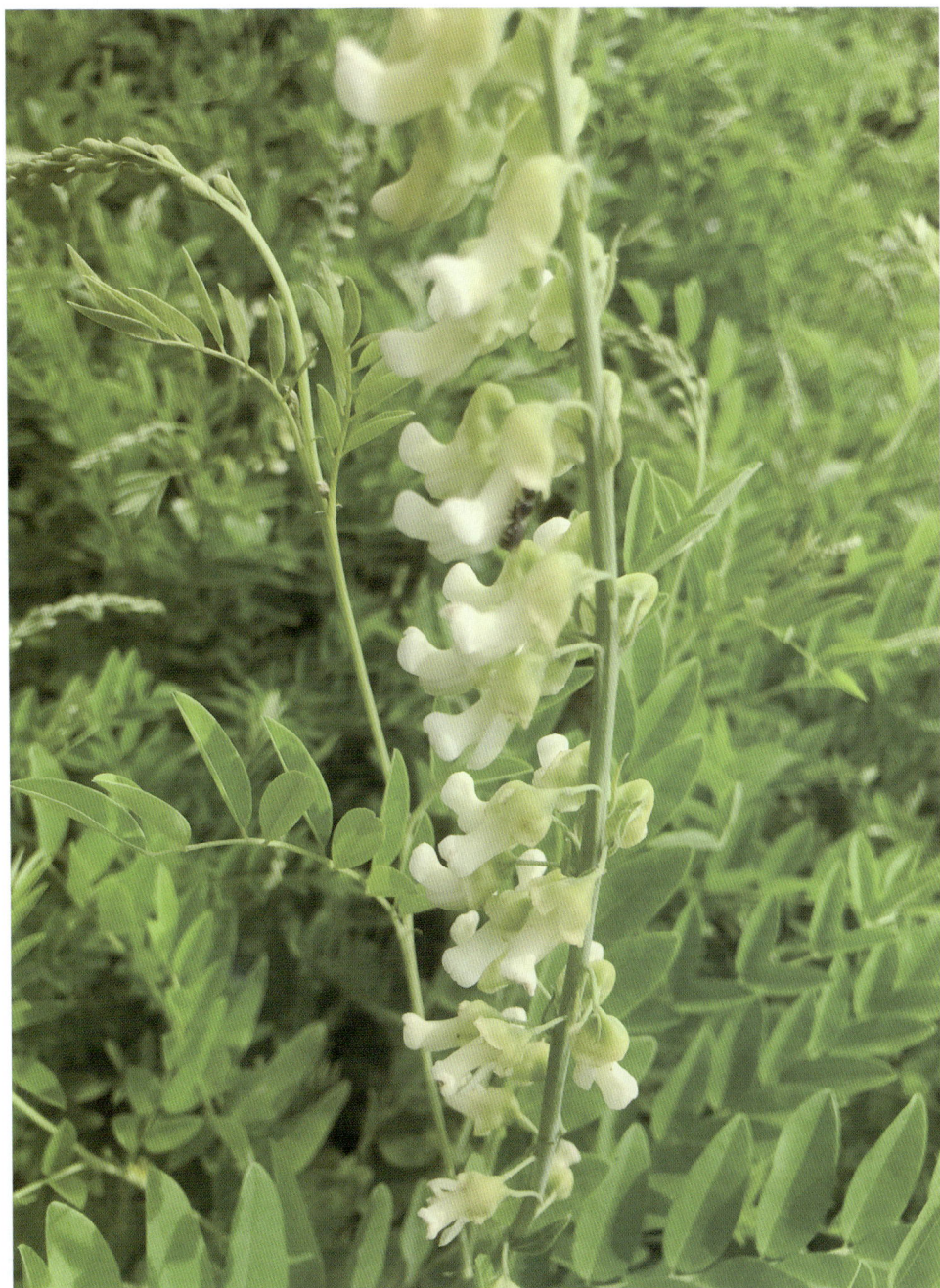

图 2-25-1　苦参植物图

一、来源▼

苦参为豆科植物苦参 *Sophora flavescens* Ait. 的干燥根。春、秋二季采挖，除去根头和小支根，洗净，干燥，或趁鲜切片，干燥。《中华人民共和国药典》2020 年版（一部）收载。

二、形态特征▼

苦参为草本或亚灌木，稀呈灌木状，通常高 1m 左右，稀达 2m。茎具纹棱，幼时疏被柔毛，后无毛。羽状复叶长达 25cm；托叶披针状线形，渐尖，长 6～8mm；小叶 6～12 对，互生或近对生，纸质，形状多变，椭圆形、卵形、披针形至披针状线形，长 3～4（～6）cm，宽（0.5～）1.2～2cm，先端钝或急尖，基部宽楔开或浅心形，上面无毛，下面疏被灰白色短柔毛或近无毛。中脉下面隆起。总状花序顶生，长 15～25cm；花多数，疏或稍密；花梗纤细，长约 7mm；苞片线形，长约 2.5mm；花萼钟状，明显歪斜，具不明显波状齿，完全发育后近截平，长约 5mm，宽约 6mm，疏被短柔毛；花冠比花萼长 1 倍，白色或淡黄白色，旗瓣倒卵状匙形，长 14～15mm，宽 6～7mm，先端圆形或微缺，基部渐狭成柄，柄宽 3mm，翼瓣单侧生，强烈皱褶几达瓣片的顶部，柄与瓣片近等长，长约 13mm，龙骨瓣与翼瓣相似，稍宽，宽约 4mm，雄蕊 10，分离或近基部稍连合；子房近无柄，被淡黄白色柔毛，花柱稍弯曲，胚珠多数。荚果长 5～10cm，种子间稍缢缩，呈不明显串珠状，稍四棱形，疏被短柔毛或近无毛，成熟后开裂成 4 瓣，有种子 1～5 粒；种子长卵形，稍压扁，深红褐色或紫褐色。花期 6～8 月，果期 7～10 月。

三、生物学特性▼

苦参多生于低山草丛中和岩石缝内，也有生于海拔 600～700m 的草地上或 1000～3200m 的开旷山坡及林内。苦参喜温暖，也喜凉爽气候，耐寒，虽耐干旱，但在生长期中也需要适量水分，幼苗时期干旱往往引起死苗。栽培苦参以土层深厚肥沃、富含腐殖质、排水良好的沙壤土为宜。

四、种植现状及分布▼

我国苦参的分布区域主要集中在河北、河南、山西等地。

河北省内的苦参栽培区域主要分布在保定市的涞源县，承德市的隆化县、平泉市、围场满族族自治县，张家口市的蔚县、赤城县、宣化区，秦皇岛市的青龙满族自治县，衡水市的冀州区，石家庄市的平山县等地。

五、适宜性区划▼

（一）适宜性评价指标体系

1. 对温度的适宜性

最暖季的平均温变化范围在 12 ～ 23℃时，随着温度的升高，苦参的生境适宜度逐渐增加，于 23℃达到最佳；在 23℃以上时，其生境适宜度随温度升高而减少，直至 27℃达到最低，而后保持稳定。最冷季的平均温变化范围在 –18 ～ –6℃时，苦参的生境适宜度随温度的升高而增加，于 –10.5 ～ –6℃达到最佳；–6℃之后，随温度升高其生境适宜度逐渐降低，于 –1℃时生境适宜度达到最小值；而后随着温度的增加，其生境适宜度逐渐增加。适宜苦参生长的年平均温度在 6.5 ～ 8.5℃。

2. 对水分的适宜性

年平均降水量在 325 ～ 440mm 时，随着降水量的增加，苦参的生境适宜度逐渐降低，并在 440mm 达到最低；而后随着降水量的增加，其的生境适宜度保持不变。

3. 对土壤类型的适宜性

在简育高活性淋溶土、黑色石灰薄层土土壤类型下，苦参的生境适宜度较高；在黏化栗钙土、简育灰色土土壤类型下次之；在石灰性冲积土、暗色火山灰土土壤类型下，苦参的生境适宜度较低。

4. 对植被类型的适宜性

在温带丛生禾草典型草原、温带落叶阔叶林植被类型中，苦参有较高的生境适宜度；在一年一熟的粮食作物及耐寒经济作物、落叶果树园，亚热带、热带竹林和竹丛植被类型下次之；其他植被类型则不适宜苦参生长。

（二）生态适宜性评价

根据环境因子及相关数据，采用 Maxent 模型预测苦参生态适宜分布区，利用 GIS 技术将其表现出来。苦参在河北省区域内的生态适宜区主要分布在张家口市的宣化区、万全区、怀来县、涿鹿县，保定市的易县、满城区，邯郸市的武安市等地；次适宜区主要分布在邯郸市的磁县，邢台市的沙河市，石家庄市的行唐县，保定市的安国市、顺平县，张家口的赤城县、怀安县，承德市的滦平县等地。

六、价格波动▼

苦参的价格在 2019 年 1 月至 2021 年 3 月在 11 ～ 12 元 / 千克波动；2021 年 8 月至 2022 年 3 月，价格从 10 元 / 千克上升至 16 元 / 千克；2022 年 6 月，价格下降至 14 元 / 千克，并保持至 2023 年 6 月；2023 年 7 月至 12 月，价格阶段式上升至 23 元 / 千克。

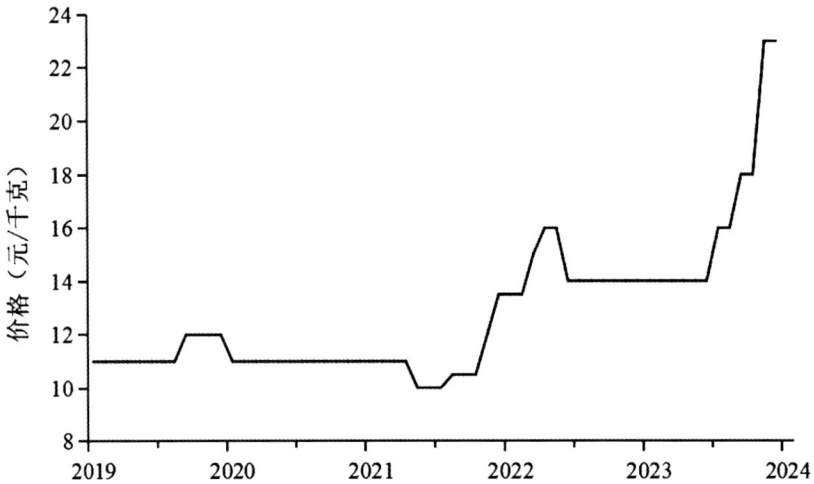

图 2-25-2   苦参价格波动曲线图

参考文献

[1] 于海涛.地理标志保护产品苦参栽培技术 [J].现代农业，2019（10）：33-34.

[2] 段彩红.浅谈无公害苦参的栽培技术 [J].农家参谋，2018（11）：78.

[3] 马洪娜，李熙照，檀龙颜.苦参繁殖与栽培技术的研究进展 [J].种子，2018，37（1）：56-61.

[4] 梁昌俊.岷县苦参引种栽培技术 [J].农业科技与信息，2018（1）：16-17.

[5] 韩亚平，雷振宏，赵丹，等.苦参规范化栽培技术 [J].现代农业科技，2015（18）：107&110.

[6] 张庆霞，纪瑛，高峰，等.不同移栽密度对苦参生长动态的影响 [J].草业科学，2013，30（10）：1608-1612.

Loulu 漏芦

RHAPONTICI RADIX

图 2-26-1　漏芦植物图

一、来源▼

本品为菊科植物漏芦 *Rhaponticum uniflorum*（L.）DC. 的干燥根。春、秋二季采挖，除去须根和泥沙，晒干。《中华人民共和国药典》2020 年版（一部）收载。

二、形态特征▼

漏芦为多年生草本，高（6）30 ～ 100cm。根状茎粗厚。根直伸，直径 1 ～ 3cm。茎直立，不分枝，簇生或单生，灰白色，被棉毛，基部直径 0.5～1cm，被褐色残存的叶柄。基生叶及下部茎叶全形椭圆形、长椭圆形或倒披针形，长 10～24cm，宽 4～9cm，羽状深裂或几全裂，有长叶柄，叶柄长 6～20cm。侧裂片 5～12 对，椭圆形或倒披针形，边缘有锯齿或锯齿稍大而使叶呈现二回羽状分裂状态，或边缘少锯齿或无锯齿，中部侧裂片稍大，向上或向下的侧裂片渐小，最下部的侧裂片小耳状，顶裂片长椭圆形或几匙形，边缘有锯齿。中上部茎叶渐小，与基生叶及下部茎叶同形并等样分裂，无柄或有短柄。全部叶质地柔软，两面灰白色，被稠密的或稀疏的蛛丝毛及多细胞糙毛和黄色小腺点。叶柄灰白色，被稠密的蛛丝状棉毛。头状花序单生茎顶，花序梗粗壮，裸露或有少数钻形小叶。总苞半球形，大直径 3.5～6cm。总苞片约 9 层，覆瓦状排列，向内层渐长，外层不包括顶端膜质附属长三角形，长 4mm，宽 2mm；中层不包括顶端膜质附属物椭圆形至披针形；内层及最内层不包括顶端附属物披针形，长约 2.5cm，宽约 5mm。全部苞片顶端有膜质附属物，附属物宽卵形或几圆形，长达 1cm，宽达 1.5cm，浅褐色。全部小花两性，管状，花冠紫红色，长 3.1cm，细管部长 1.5cm，花冠裂片长 8mm。瘦果 3～4 棱，楔状，长 4mm，宽 2.5mm，顶端有果缘，果缘边缘细尖齿，侧生着生面。冠毛褐色，多层，不等长，向内层渐长，长达 1.8cm，基部连合成环，整体脱落；冠毛刚毛糙毛状。花果期 4～9 月。

三、生物学特性▼

漏芦对土壤要求不十分严格，一般的土壤均适合生长，以沙壤土为佳；不宜于低洼易涝处、黏质土种植。漏芦一般生于山坡丘陵地中、松林下或桦木林下，海拔 390～2700m 处。

四、种植现状及分布▼

我国漏芦的分布区域主要集中在河北、黑龙江、吉林、辽宁、内蒙古、陕西、甘肃、青海、山西、河南、四川、山东等地。

河北省内的漏芦栽培区域主要分布在保定市的安国市、曲阳县、涞源县，唐山市的迁安市，张家口市的张北县、怀来县，邢台市的信都区、内丘县，邯郸市的涉县、武安市、磁县，承德市的丰宁满族自治县、滦平县等地。

五、适宜性区划▼

（一）适宜性评价指标体系

1.对温度的适宜性

昼夜温差月均值在 9.6～12℃时，漏芦的生境适宜度随温度的升高而增加；在

12.0～12.5℃时，漏芦的生境适宜度最佳；在 12.5～15℃时，漏芦的生境适宜度随温差的升高而减少，并于 15℃时达到最小值；在高于 15℃时，其生境适宜度保持不变。

2. 对水分的适宜性

年平均降水量在 324～400mm 时，漏芦的生境适宜度随降水量的增加而增加；在 401～500mm 时，其生境适宜度随降水量的增加而下降；在 501～750mm 时，其生境适宜度随降水量的增加而大幅增加，并在 750mm 以上时保持恒定。

3. 对土壤类型的适宜性

漏芦在黑色石灰薄层土、黏化砂性土等土壤类型下有较高的生境适宜度；城镇工矿区、饱和薄层土等土壤类型次之；而简育栗钙土土壤类型则不适合漏芦生长。

4. 对坡向的适宜性

坡向为西北向时，漏芦具有较高的生境适宜度；坡向为东向、东北向时次之；坡向为西向、东南向、西南向时不适宜漏芦生长。

（二）生态适宜性评价

根据环境因子及相关数据，采用 Maxent 模型预测漏芦生态适宜分布区，利用 GIS 技术将其表现出来。漏芦在河北省区域内的生态适宜区主要分布在张家口的沽源县等地；次适宜区主要分布在张家口的康保县，邯郸市的武安市，保定市的安国市等地。

六、价格波动▼

漏芦的价格从 2019 年 1 月的 17 元 / 千克持续上升至 2021 年 9 月的 30 元 / 千克，而后此价格持续至 2022 年 9 月；2022 年 10 月，价格降至 25 元 / 千克，持续至 2023 年 4 月；2023 年 9 月，价格上升至 29 元 / 千克，并保持稳定，直至 2023 年末。

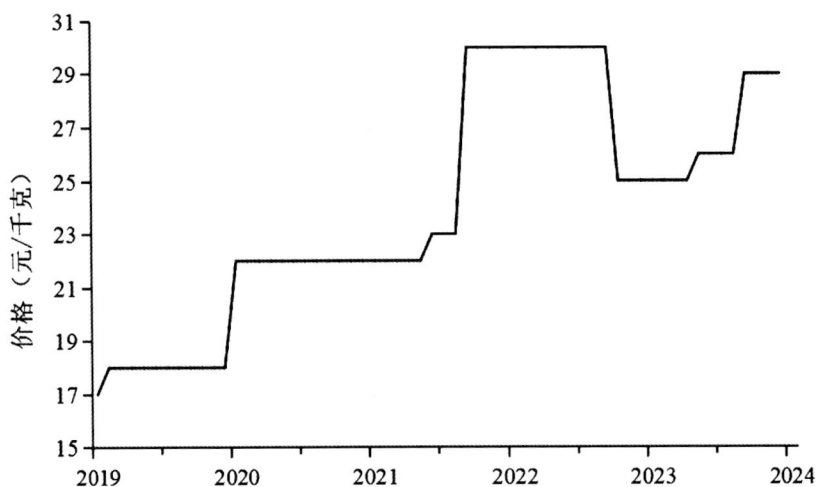

图 2-26-2　漏芦价格波动曲线图

参考文献

[1] 张超，毕海林，肖裕章，等.祁州漏芦研究与应用概况 [J].中兽医医药杂志，2019，38（2）：40-42.

[2] 陈江平，侯典云，严绪华，等.基于ITS2序列的禹州漏芦和漏芦药材基因识别 [J].世界科学技术 – 中医药现代化，2016，18（2）：202-208.

[3] 杨美珍，王晓琴，刘勇，等.祁州漏芦化学成分与药理活性研究 [J].中成药，2015，37（3）：611-618.

[4] 李喜凤，余云辉，邱天宝，等.禹州漏芦的本草考证 [J].时珍国医国药，2011，22（11）：2750-2751.

木香

AUCKLANDIAE RADIX

一、来源▼

木香为菊科植物木香 *Aucklandia lappa* Decne. 的干燥根。秋、冬二季采挖，除去泥沙和须根，切段，大的再纵剖成瓣，干燥后撞去粗皮。《中华人民共和国药典》2020 年版（一部）收载。

二、形态特征▼

木香为多年生攀缘小灌木，高可达 6m；小枝圆柱形，无毛，有短小皮刺；老枝上的皮刺较大，坚硬，经栽培后有时枝条无刺。小叶 3～5，稀 7，连叶柄长 4～6cm；小叶片椭圆状卵形或长圆披针形，长 2～5cm，宽 8～18mm，先端急尖或稍钝，基部近圆形或宽楔形，边缘有紧贴细锯齿，上面无毛，深绿色，下面淡绿色，中脉突起，沿脉有柔毛；小叶柄和叶轴有稀疏柔毛和散生小皮刺；托叶线状披针形，膜质，离生，早落。花小形，多朵成伞形花序，花直径 1.5～2.5cm；花梗长 2～3cm，无毛；萼片卵形，先端长渐尖，全缘，萼筒和萼片外面均无毛，内面被白色柔毛；花瓣重瓣至半重瓣，白色，倒卵形，先端圆，基部楔形；心皮多数，花柱离生，密被柔毛，比雄蕊短很多。花期 4～5 月。

三、生物学特性▼

木香喜温暖湿润和阳光充足的环境，耐寒冷和半阴，怕涝。木香地栽可植于向阳、无积水处，对土壤要求不严，但在疏松肥沃、排水良好的土壤中生长较好。木香的萌芽力强，耐修剪。

四、种植现状及分布▼

我国木香的分布区域主要集中在陕西、甘肃、湖北、湖南、广东、广西等地。

河北省内的木香栽培区域主要分布在保定市的安国市，邢台市的巨鹿县，邯郸市的涉县等地。

五、适宜性区划▼

（一）适宜性评价指标体系

1. 对温度的适宜性

最暖月最高温在 33.4℃以下时，木香的生境适宜度随温度的升高而增加，在 33.4℃时达到最大值。最冷月最低温变化范围在 –8 ～ –6℃时，木香的生境适宜度随着温度升高而增加；在 –6℃时，木香的生境适宜度较高。

2. 对水分的适宜性

年平均降水量小于 360mm 时，木香的生境适宜度随年平均降水量的增加而增加；在 360 ～ 470mm 时，其生境适宜度随年均降水量的增加而大幅度减少，之后维持小幅度的下降，直到年平均降水量达到 729mm 后，其生境适宜度保持稳定。

3. 对海拔的适宜性

海拔在 0 ～ 150m 时，木香的生境适宜度随海拔升高而增加，之后保持稳定。

4. 对土壤类型的适宜性

木香在钙积高活性淋溶土、黏化栗钙土等土壤类型下有较高的生境适宜度；石灰性疏松岩性土、潜育高活性淋溶土等土壤类型次之；其他类型对其生境适宜度影响不大。

（二）生态适宜性评价

根据环境因子及相关数据，采用 Maxent 模型预测木香生态适宜分布区，利用 GIS 技术将其表现出来。木香在河北省区域内的生态适宜区主要分布在保定市的安国市、望都县、唐县等地；次适宜区主要分布在邯郸市的临漳县，张家口市的康保县，石家庄市的行唐县、深泽县，保定市的易县、涞水县等地。

六、价格波动▼

木香的价格在 2019 年 1 月至 9 月从 18 元 / 千克降至 10 元 / 千克；2019 年 11 月至 2021 年 1 月，价格回升至 13.5 元 / 千克，并基本保持稳定；2021 年 7 月，价格陡升至 19 元 / 千克；2021 年 9 月至 2022 年末，价格自 19 元 / 千克缓慢下降至 13 元 / 千克；2023 年 2 月至 9 月，价格缓慢回升至 19 元 / 千克。

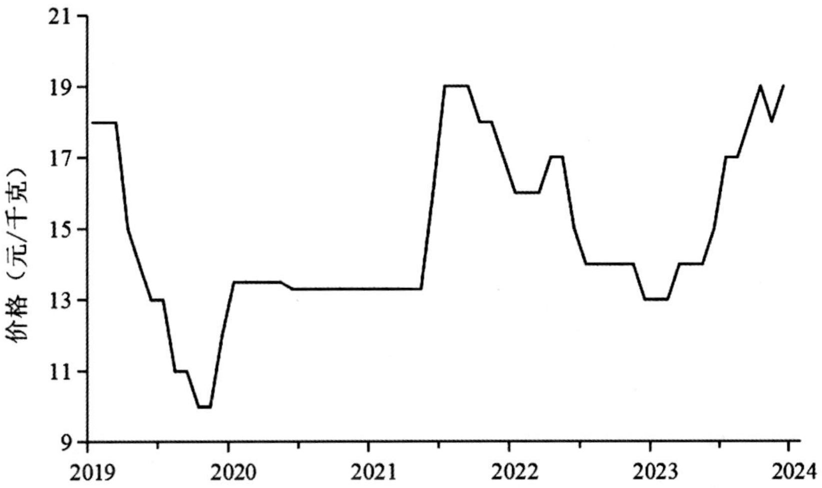

图 2-27-1 木香价格波动曲线图

参考文献

［1］张雪，杜鹏，粟春兰，等.木香生长发育规律研究［J］.现代农业科技，2020（23）：47-50.

［2］李巧玲，杨毅，肖忠，等.木香根腐病生防细菌的筛选与鉴定［J］.西南大学学报（自然科学版），2020，42（9）：71-76.

［3］何佳丽.木香栽培技术及方法［J］.农业开发与装备，2019（10）：220.

［4］潘兴娇，张杰，黄兴容，等.接种AM真菌对木香幼苗生长及光合特性的影响［J］.中药材，2016，39（10）：2178-2184.

［5］吕晓贞，赵荣芳，孙园勇.木香全光照扦插与产品制作［J］.现代园艺，2015（12）：34.

［6］安靖靖，郭风民，杨华，等.木香栽培管理技术及其在园林绿化中的应用［J］.河南林业科技，2014，34（3）：52-54.

［7］金晴华.木香栽培技术要点［J］.现代农村科技，2012（8）：10.

图 2-28-1　牛膝植物图

Niuxi 牛膝

ACHYRANTHIS BIDENTATAE RADIX

一、来源▼

牛膝为苋科植物牛膝 *Achyranthes bidentata* Bl. 的干燥根。冬季茎叶枯萎时采挖，除去须根和泥沙，捆成小把，晒至干皱后，将顶端切齐，晒干。《中华人民共和国药典》2020 年版（一部）收载。

二、形态特征▼

牛膝为多年生草本，高 70 ~ 120cm；根圆柱形，直径 5 ~ 10mm，土黄色；茎有棱角或四方形，绿色或带紫色，有白色贴生或开展柔毛，或近无毛，分枝对生。叶片椭圆形或椭圆披针形，少数倒披针形，长 4.5 ~ 12cm，宽 2 ~ 7.5cm，顶端尾尖，尖长 5 ~ 10mm，基部楔形或宽楔形，两面有贴生或开展柔毛；叶柄长 5 ~ 30mm，有柔毛。穗状花序顶生及腋生，长 3 ~ 5cm，花期后反折；总花梗长 1 ~ 2cm，有白色柔毛；花多数，密生，长 5mm；苞片宽卵形，长 2 ~ 3mm，顶端长渐尖；小苞片刺状，长 2.5 ~ 3mm，顶端弯曲，基部两侧各有 1 卵形膜质小裂片，长约 1mm；花被片披针形，长 3 ~ 5mm，光亮，顶端急尖，有 1 中脉；雄蕊长 2 ~ 2.5mm；退化雄蕊顶端平圆，稍有缺刻状细锯齿。胞果矩圆形，长 2 ~ 2.5mm，黄褐色，光滑。种子矩圆形，长 1mm，黄褐色。花期 7 ~ 9 月，果期 9 ~ 10 月。

三、生物学特性▼

牛膝生于屋傍、林缘、山坡草丛中，海拔 200 ~ 1750m 处。

四、种植现状及分布▼

牛膝在我国的分布区域较广，大多数地方均可见到其野生品种和栽培品种。

河北省内的牛膝栽培区域主要分布在保定市的安国市、涞源县，张家口市的康保县，石家庄市的元氏县，承德市的围场满族蒙古族自治县等地。

五、适宜性区划▼

（一）适宜性评价指标体系

1. 对温度的适宜性

最暖季平均温在 23℃以下时，牛膝的生境适宜度随温度升高而增加，在 23℃时达到最大值，之后保持稳定。最冷季平均温变化范围在 –18 ~ –4℃时，牛膝的生境适宜度随着温度升高而增大，在 –4℃时达到最大值；在 –4℃以上时，其生境适宜度随着温度的升高而减少，在 4℃时达到最小值，而后保持稳定。适宜牛膝生长的年平均温度在 13℃左右。

2. 对水分的适宜性

年平均降水量在 650mm 以下时，牛膝的生境适宜度随降水量的增加而增加，并于 650mm 时达到最佳；降水量在 650～750mm 时，其生境适宜度随着降水量的增加而逐渐降低，并在 750mm 时达到最小值，而后稳定不变。

3. 对土壤类型的适宜性

在潜育高活性淋溶土、饱和变性土土壤类型下，牛膝有较高的生境适宜度；简育盐土、艳色雏形土土壤类型次之；其他土壤类型对牛膝的生境适宜度没有较大影响。

4. 对海拔的适宜性

在海拔 2600m 以下时，随着海拔的增加，牛膝的生境适宜度逐渐降低，海拔 2600m 时其生境适宜度达到最高；海拔高于 2600m 后，其生境适宜度不再随海拔的变化而变化。

（二）生态适宜性评价

根据环境因子及相关数据，采用 Maxent 模型预测牛膝生态适宜分布区，利用 GIS 技术将其表现出来。牛膝在河北省区域内的适宜区主要分布在保定市的安国市、望都县，唐山市的丰南区、滦州市，秦皇岛市的北戴河区，承德市的隆化县等地；次适宜区主要分布在石家庄市的新乐市、深泽县，衡水市的安平县，保定市的博野县、蠡县等地。

六、价格波动▼

牛膝的价格在 2019 年 1 月至 2020 年 11 月稳定在 10～12 元 / 千克；2020 年 12 月至 2022 年 8 月，价格逐渐上涨直至 38 元 / 千克；2022 年 10 月，价格陡降到 20 元 / 千克；2022 年 11 月至 2023 年 4 月，价格回升至 27 元 / 千克并保持至 2023 年 9 月；2023 年 12 月，价格再次回落至 18 元 / 千克。

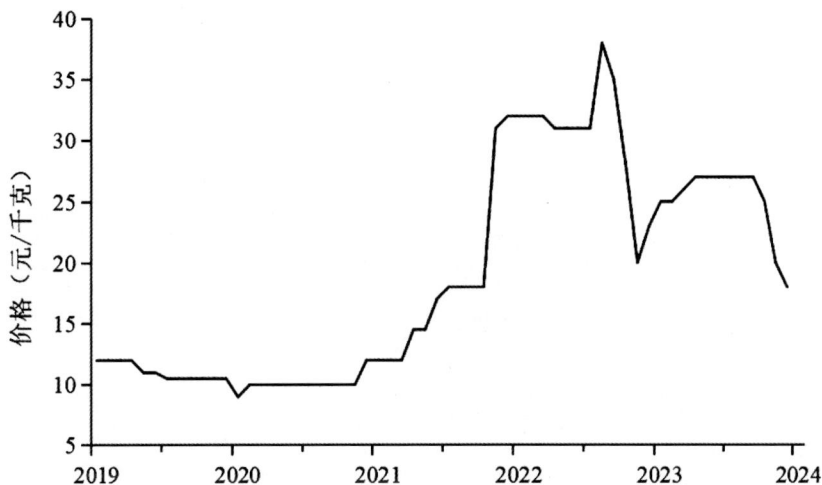

图 2-28-2　牛膝价格波动曲线图

参考文献

［1］李曼，齐大明，王鑫源，等.不同产地牛膝 ISSR 遗传多样性研究［J］.
中医学报，2021，36（1）：148-152.

［2］王小燕，常军民，郭常润，等.怀牛膝饮片的质量标准及指纹图谱研究
［J］.中国药房，2020，31（24）：3000-3006.

［3］王博，孟啸龙，徐宁，等.基于 ITS2 条形码的中药材牛膝及其易混品
DNA 分子鉴定［J］.时珍国医国药，2020，31（5）：1131-1134.

［4］丁刚，李隆云，宋旭红，等.川牛膝不同产地药材质量综合评价研究
［J］.天然产物研究与开发，2020，32（5）：851-859.

［5］翁倩倩，赵佳琛，金艳，等.经典名方中牛膝类药材的本草考证［J］.
中国现代中药，2020，22（8）：1261-1268.

［6］施崇精.川牛膝炮制工艺与质量标准研究［D］.成都：成都中医药大学，
2019.

第二章　根及根茎类

图 2-29-1　薯蓣植物图

一、来源▼

山药为薯蓣科植物薯蓣 *Dioscorea opposita* Thunb. 的干燥根茎。冬季茎叶枯萎后采挖，切去根头，洗净，除去外皮和须根，干燥，习称"毛山药"；或除去外皮，趁鲜切厚片，干燥，称为"山药片"；也有选择肥大顺直的干燥山药，置清水中，浸至无干心，闷透，切齐两端，用木板搓成圆柱状，晒干，打光，习称"光山药"。《中华人民共和国药典》2020 年版（一部）收载。

二、形态特征▼

薯蓣为多年生缠绕草质藤本。块茎长圆柱形，垂直生长，长可达 1m 多，断面干时白色。茎通常带紫红色，右旋，无毛。单叶，在茎下部的互生，中部以上的对生，很少 3 叶轮生；叶片变异大，卵状三角形至宽卵形或戟形，长 3 ～ 9（～ 16）cm，宽 2 ～ 7（～ 14）cm，顶端渐尖，基部深心形、宽心形或近截形，边缘常 3 浅裂至 3 深裂，中裂片卵状椭圆形至披针形，侧裂片耳状，圆形、近方形至长圆形；幼苗时一般叶片为宽卵形或卵圆形，基部深心形。叶腋内常有珠芽。雌雄异株。雄花序为穗状花序，长 2 ～ 8cm，近直立，2 ～ 8 个着生于叶腋，偶尔呈圆锥状排列；花序轴明显呈"之"字状曲折；苞片和花被片有紫褐色斑点；雄花的外轮花被片为宽卵形，内轮卵形，较小；雄蕊 6。雌花序为穗状花序，1 ～ 3 个着生于叶腋。蒴果不反折，三棱状扁圆形或三棱状圆形，长 1.2 ～ 2cm，宽 1.5 ～ 3cm，外面有白粉；种子着生于每室中轴中部，四周有膜质翅。花期 6 ～ 9 月，果期 7 ～ 11 月。

三、生物学特性▼

薯蓣生长于海拔 150 ～ 1500m 的山坡、山谷林下，溪边、路旁的灌丛中或杂草中，是短日照、喜温作物。

四、种植现状及分布▼

我国薯蓣的分布区域主要集中在东北，以及河北、山东、河南、江苏、江西、福建、台湾、湖北、湖南、贵州、广西北部、云南北部、浙江（海拔 450 ～ 1000m）、四川（海拔 700 ～ 500m）、安徽淮河以南（海拔 150 ～ 850m）、甘肃东部（海拔 950 ～ 1100m）、陕西南部（海拔 350 ～ 1500m）等地。

河北省内的薯蓣栽培区域主要分布在保定市的安国市、蠡县，沧州市的任丘市、河间市、献县，石家庄市的晋州市、辛集市，衡水市的深州市，邢台市的任泽区，邯郸市的大名县、临漳县等地。

五、适宜性区划▼

（一）适宜性评价指标体系

1. 对温度的适宜性

薯蓣的生境适宜度随最暖月最高温的变化而变化。最冷月的最低温变化范围在 –9 ～ –6.2℃时，其生境适宜度随温度升高而减少；在 –6.2℃及以上时，其生境适宜度趋于稳定。

适宜薯蓣生长的年平均温度在 6℃以上。

2. 对水分的适宜性

最暖季降水量在 212 ～ 354mm 时，薯蓣的生境适宜度随降水量的增加而增加；在 354 ～ 517mm 时，其生境适宜度随降水量的增加而减少。薯蓣的生境适宜度基本不受年平均降水量的影响。

3. 对坡向的适宜性

薯蓣在平地、东北向等坡向类型下有较高的生境适宜度；东向、西北向等坡向类型次之；其余坡向类型，如北向、西南向等，对其生境适宜度影响不大。

4. 对土壤类型的适宜性

薯蓣在石灰性疏松岩性土、潜育高活性淋溶土等土壤类型下有较高的生境适宜度；石灰性雏形土、石灰性冲积土等土壤类型次之；其他土壤类型则对其生境适宜度影响不大。

（二）生态适宜性评价

根据环境因子及相关数据，采用 Maxent 模型预测薯蓣生态适宜分布区，利用 GIS 技术将其表现出来。薯蓣在河北省区域内的生态适宜区主要分布在保定市的安国市、望都县、清苑区，石家庄市的新乐市、正定县、元氏县等地；次适宜区主要分布在保定市的定兴县、满城区，石家庄市的深泽县、晋州市，邢台市的隆尧县等地。

六、价格波动▼

山药的价格在 2019 年 1 月至 2021 年 4 月稳定在 7.3 ～ 8 元 / 千克；2021 年 5 月至 2022 年 1 月，价格整体呈上升趋势，升至 19 元 / 千克，并维持到 2022 年 4 月；2022 年 5 月起，价格开始下跌，到 2022 年 8 月，价格跌至 12 元 / 千克；2022 年 9 月至 2023 年 12 月，价格维持在 14 ～ 16 元 / 千克之间。

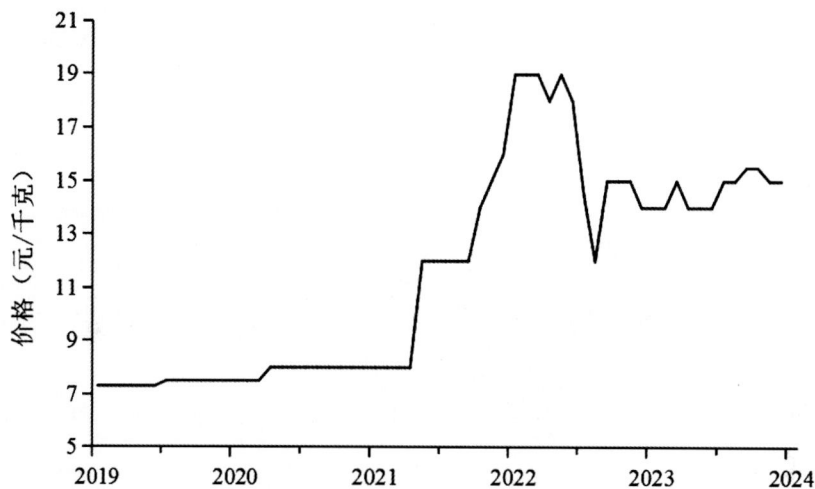

图 2-29-2　山药价格波动曲线图

参考文献

[1]和桂琴，曹立峰，袁理春.山药根茎引导栽培技术[J].云南农业科技，2020（5）：34-36.

[2]刘爽，吕佼，于潇潇，等.我国山药资源开发研究概况[J].粮食与油脂，2020，33（3）：19-21.

[3]乔盼，拓星星.山药栽培技术要点及病害防治[J].现代农业,2020（3）：24-25.

[4]胡彪.气候变化影响下我国药用山药的适宜区划评估[D].上海：上海应用技术大学，2019.

[5]杨思宇.山东定陶山药种植区土壤地球化学特征研究及适宜性评价[D].长春：吉林大学，2019.

[6]许念芳，岳林旭，刘少军，等.山药种质资源的分类及综合分析[J].中国野生植物资源，2019，38（1）：54-59.

[7]李霄，倪泽存，吴岳，等.不同山药资源引进种植比较试验[J].黑龙江农业科学，2016（1）：129-131.

图 2-30-1　射干植物图

一、来源▼

射干为鸢尾科植物射干 *Belamcanda chinensis*（L.）DC. 的干燥根茎。春初刚发芽或秋末茎叶枯萎时采挖，除去须根和泥沙，干燥。《中华人民共和国药典》2020 年版（一部）收载。

二、形态特征▼

射干为多年生草本。根状茎为不规则的块状，斜伸，黄色或黄褐色；须根多数，带黄色。茎高 1 ～ 1.5m，实心。叶互生，嵌迭状排列，剑形，长 20 ～ 60cm，宽 2 ～ 4cm，基部鞘状抱茎，顶端渐尖，无中脉。花序顶生，叉状分枝，每分枝的顶端聚生有数朵花；花梗细，长约 1.5cm；花梗及花序的分枝处均包有膜质的苞片，苞片披针形或卵圆形；花橙红色，散生紫褐色的斑点，直径 4 ～ 5cm；花被裂片 6,2 轮排列，外轮花被裂片倒卵形或长椭圆形，长约 2.5cm，宽约 1cm，顶端钝圆或微凹，基部楔形，内轮较外轮花被裂片略短而狭；雄蕊 3，长 1.8 ～ 2cm，着生于外花被裂片的基部，花药条形，外向开裂，花丝近圆柱形，基部稍扁而宽；花柱上部稍扁，顶端 3 裂，裂片边缘略向外卷，有细而短的毛，子房下位，倒卵形，3 室，中轴胎座，胚珠多数。蒴果倒卵形或长椭圆形，长 2.5 ～ 3cm，直径 1.5 ～ 2.5cm，顶端无喙，常残存有凋萎的花被，成熟时室背开裂，果瓣外翻，中央有直立的果轴；种子圆球形，黑紫色，有光泽，直径约 5mm，着生在果轴上。花期 6 ～ 8 月，果期 7 ～ 9 月。

三、生物学特性▼

射干生于林缘或山坡草地中，大部分生长在海拔较低的地方，但在我国西南山区，射干也可生长在海拔 2000 ～ 2200m 处。射干喜温暖的气候和阳光充足的环境，耐干旱、耐寒，对土壤要求不严，山坡、旱地均能栽培，以肥沃疏松、地势较高、排水良好的沙壤土为好，适宜用中性或微碱性的土壤栽培；低洼地和盐碱地则不适宜其栽培。

四、种植现状及分布▼

我国射干的分布区域主要集中在吉林、辽宁、河北、山西、山东、河南、安徽、江苏、浙江、福建、台湾、湖北、湖南、江西、广东、广西、陕西、甘肃、四川、贵州、云南、西藏等地。

河北省内的射干栽培区域主要分布在石家庄市的平山县、赞皇县，邯郸市的武安市、涉县，秦皇岛市的卢龙县，保定市的安国市、涞源县，张家口市的蔚县，承德市的围场满族蒙古族自治县等地。

五、适宜性区划▼

（一）适宜性评价指标体系

1. 对温度的适宜性

射干的生境适宜度随最暖月最高温的升高而增加，在 28.5℃时达到最大值。最冷月的最低温变化范围在 −24.5 ～ −17℃时，射干的生境适宜度随着温度升高而增加；在 −17℃时，其生境适宜度达到最大值。

2. 对水分的适宜性

年平均降水量在 450 ～ 610mm 时，射干的生境适宜度随年均降水量的增加而增加；在 610mm 以上时，其生境适宜度随降水量的增加而降低。

3. 对坡度的适宜性

坡度的变化范围在 0 ～ 14 度时，射干的生境适宜度基本不受影响；坡度在 15 ～ 21.629 度时，射干的生境适宜度随坡度的升高而增加；坡度在 21.629 度时，其生境适宜度较高。

4. 对酸碱度的适宜性

酸碱度在 8.9 以下时，射干的生境适宜度随酸碱度的增加而增加，酸碱度为 8.9 时，射干的生境适宜度达到最大值。

（二）生态适宜性评价

根据环境因子及相关数据，采用 Maxent 模型预测射干生态适宜分布区，利用 GIS 技术将其表现出来。射干在河北省区域内的生态适宜区主要分布在邯郸市的涉县、武安市，邢台市的沙河市等地；次适宜性区主要分布在承德市的兴隆县、宽城满族自治县，保定市的涞水县、易县，石家庄市的赞皇县、井陉县，邢台市的内丘县、信都区等地。

六、价格波动▼

射干的价格在 2019 年 1 月至 2021 年 6 月在 24 ～ 31 元 / 千克波动；2021 年 7 月至 2023 年 3 月，价格逐步增至 180 元 / 千克；2023 年 4 月至 12 月，价格波动式下降至 115 元 / 千克。

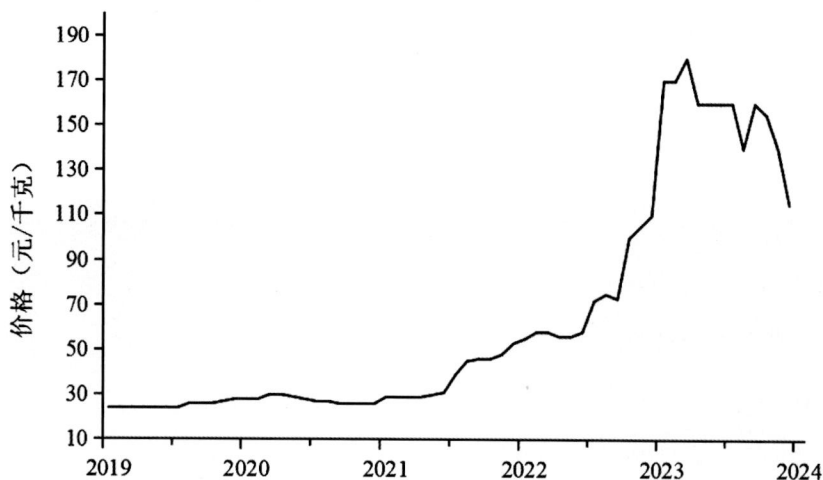

图 2-30-2　射干价格波动曲线图

参考文献

［1］邓迪，赵欢，李佩华，等.射干研究进展［J］.四川农业科技，2020（11）：84-86.

［2］胡冬平.射干——自带流量的神奇本草［J］.中国食品药品监管，2020（6）：102-105.

［3］崔晓敬，陈洁，路正营，等.射干规范化栽培技术［J］.现代农村科技，2017（8）：13-14.

［4］胡平，舒光明，夏燕莉，等.川射干野生资源产量性状调查研究［J］.时珍国医国药，2014，25（6）：1478-1479.

［5］朱金英，韩金龙，高春华，等.射干高产高效栽培技术规程［J］.农业科技通讯，2016（8）：216-218.

天花粉

TRICHOSANTHIS RADIX

图 2-31-1　栝楼植物图

一、来源▼

天花粉为葫芦科植物栝楼 *Trichosanthes kirilowii* Maxim. 或双边栝楼 *Trichosanthes rosthornii* Harms 的干燥根。秋、冬二季采挖，洗净，除去外皮，切段或纵剖成瓣，干燥。《中华人民共和国药典》2020 年版（一部）收载。

二、形态特征▼

栝楼为多年生攀缘藤本，长达 10m；块根圆柱状，粗大肥厚，富含淀粉，淡黄褐色。茎较粗，多分枝，具纵棱及槽，被白色伸展柔毛。叶片纸质，轮廓近圆形，长宽均 5 ～ 20cm，常 3 ～ 5（～ 7）浅裂至中裂，稀深裂或不分裂而仅有不等大的粗齿，裂片菱状倒卵形、长圆形，先端钝，急尖，边缘常再浅裂，叶基心形，弯缺深 2 ～ 4cm，上表面深绿色，粗糙，背面淡绿色，两面沿脉被长柔毛状硬毛，基出掌状脉 5 条，细脉网状；叶柄长 3 ～ 10cm，具纵条纹，被长柔毛。卷须 3 ～ 7 歧，被柔毛。花雌雄异株。雄总状花序单生，或与一单花并生，或在枝条上部者单生，总状花序长 10 ～ 20cm，粗壮，具纵棱与槽，被微柔毛，顶端有 5 ～ 8 花，单花花梗长约 15cm，花梗长约 3mm，小苞片倒卵形或阔卵形，长 1.5 ～ 2.5（～ 3）cm，宽 1 ～ 2cm，中上部具粗齿，基部具柄，被短柔毛；花萼筒筒状，长 2 ～ 4cm，顶端扩大，径约 10mm，中、下部径约 5mm，被短柔毛，裂片披针形，长 10 ～ 15mm，宽 3 ～ 5mm，全缘；花冠白色，裂片倒卵形，长 20mm，宽 18mm，顶端中央具 1 绿色尖头，两侧具丝状流苏，被柔毛；花药靠合，长约 6mm，径约 4mm，花丝分离，粗壮，被长柔毛。雌花单生，花梗长 7.5cm，被短柔毛；花萼筒圆筒形，长 2.5cm，径 1.2cm，裂片和花冠同雄花；子房椭圆形，绿色，长 2cm，径 1cm，花柱长 2cm，柱头 3。果梗粗壮，长 4 ～ 11cm；果实椭圆形或圆形，长 7 ～ 10.5cm，成熟时黄褐色或橙黄色；种子卵状椭圆形，压扁，长 11 ～ 16mm，宽 7 ～ 12mm，淡黄褐色，近边缘处具棱线。花期 5 ～ 8 月，果期 8 ～ 10 月。本品的根、果实、果皮和种子分别为中药天花粉、瓜蒌（栝楼）、瓜蒌皮（栝楼皮）和瓜蒌子（栝楼子）。

双边栝楼为多年生攀缘藤本；块根条状，肥厚，淡灰黄色，具横瘤状突起。茎具纵棱及槽，疏被短柔毛，有时具鳞片状白色斑点。叶片纸质，轮廓阔卵形至近圆形，长（6 ～）8 ～ 12（～ 20）cm，宽（5 ～）7 ～ 11（～ 16）cm，3 ～ 7 深裂，通常 5 深裂，几达基部，裂片线状披针形、披针形至倒披针形，先端渐尖，边缘具短尖头状细齿，或偶尔具 1 ～ 2 粗齿，叶基心形，弯缺深 1 ～ 2cm，上表面深绿色，疏被短硬毛，背面淡绿色，无毛，密具颗粒状突起，掌状脉 5 ～ 7 条，上面凹陷，被短柔毛，背面突起，侧脉弧曲，网结，细脉网状；叶柄长 2.5 ～ 4cm，具纵条纹，疏被微柔毛。卷须 2 ～ 3 歧。花雌雄异株。雄花或单生，或为总状花序，或两者并生；单花花梗长可达 7cm，总花梗长 8 ～ 10cm，顶端具 5 ～ 10 花；小苞片菱状倒卵形，长 6 ～ 14mm，宽 5 ～ 11mm，先端渐尖，中部以上具不规则的钝齿，基部渐狭，被微柔毛；小花梗长 5 ～ 8mm；花萼筒狭喇叭形，长 2.5 ～ 3（～ 3.5）cm，顶端径约 7mm，中下部径约 3mm，被短柔毛，裂片线形，长约 10mm，基部宽 1.5 ～ 2mm，先端尾状渐尖，全缘，被短柔毛；花冠白色，裂片倒卵形，长约 15mm，宽约 10mm，被短柔

毛，顶端具丝状长流苏；花药柱长圆形，长 5mm，径 3mm，花丝长 2mm，被柔毛。雌花单
生，花梗长 5 ～ 8cm，被微柔毛；花萼筒圆筒形，长 2 ～ 2.5cm，径 5 ～ 8mm，被微柔毛，
裂片和花冠同雄花；子房椭圆形，长 1 ～ 2cm，径 5 ～ 10mm，被微柔毛。果实球形或椭圆
形，长 8 ～ 11cm，径 7 ～ 10cm，光滑无毛，成熟时果皮及果瓤均橙黄色；果梗长 4.5 ～ 8cm。
种子卵状椭圆形，扁平，长 15 ～ 18mm，宽 8 ～ 9mm，厚 2 ～ 3mm，褐色，距边缘稍远处
具一圈明显的棱线。花期 6 ～ 8 月，果期 8 ～ 10 月。

三、生物学特性▼

栝楼喜温暖潮湿气候，较耐寒，不耐干旱。栽培栝楼以向阳、土层深厚、疏松肥沃的沙
壤土地为好，不宜在低洼地及盐碱地栽培。栝楼生于海拔 200 ～ 1800m 的山坡林下、灌丛
中、草地中和村旁田边。双边栝楼生于海拔 400 ～ 1850m 的山谷密林中、山坡灌丛中及草
丛中。

四、种植现状及分布▼

我国栝楼的分布区域主要集中在华北、华东、中南地区，以及辽宁、陕西、甘肃、四
川、贵州和云南等地。

双边栝楼的分布区域主要集中在我国贵州、江西，以及甘肃东南部、陕西南部、湖北西
南部、四川东部、云南东北部等地。

河北省内的栝楼栽培区域主要分布在保定市的安国市，衡水市的安平县，秦皇岛市的青
龙满族自治县，唐山市的遵化市，邯郸市的永年区、磁县等地。

五、适宜性区划▼

（一）适宜性评价指标体系

1. 对温度的适宜性

栝楼的生境适宜度不随最暖月最高温的变化而变化。最冷月最低温的变化范围在 –8.6 ～
–6.2℃时，天花粉（栝楼）的生境适宜度随温度的升高而增加，在 –6.2℃时达到最大值。适
宜天花粉（栝楼）生长的年平均气温变化范围为 6℃以上。

2. 对水分的适宜性

年平均降水量在 318 ～ 483mm 时，栝楼的生境适宜度随年平均降水量的增加而减少，
在 483mm 时达到最小值，而后保持稳定。

3. 对坡向的适宜性

栝楼在平地、西北向等坡向类型下有较高的生境适宜度；东南向、西向等坡向类型次之；南向、西南向等坡向类型则不适合其生长；其他坡向对其生境适宜度影响不大。

4. 对土壤类型的适宜性

栝楼在铁质低活性淋溶土、钙积高活性淋溶土等土壤类型下有较高的生境适宜度；潜育高活性淋溶土、钙积潜育土等土壤类型次之；其他类型对其生境适宜度影响不大。

（二）生态适宜性评价

根据环境因子及相关数据，采用 Maxent 模型预测栝楼生态适宜分布区，利用 GIS 技术将其表现出来。栝楼在河北省区域内的生态适宜区主要分布在保定市的安国市、望都县、定州市，石家庄市的深泽县等地；次适宜区主要分布在邢台市的巨鹿县、临城县，邯郸市的大名县，保定市的徐水区、满城区等地。

六、价格波动▼

天花粉的价格在 2019 年 1 月至 2020 年 11 月在 13 ～ 16 元 / 千克波动；2020 年 12 月至 2023 年 3 月，价格阶梯式上升至 35 元 / 千克；2023 年 4 月至 6 月，价格陡升至 55 元 / 千克，而后持续到 2023 年 10 月；2023 年 12 月，价格陡跌至 35 元 / 千克。

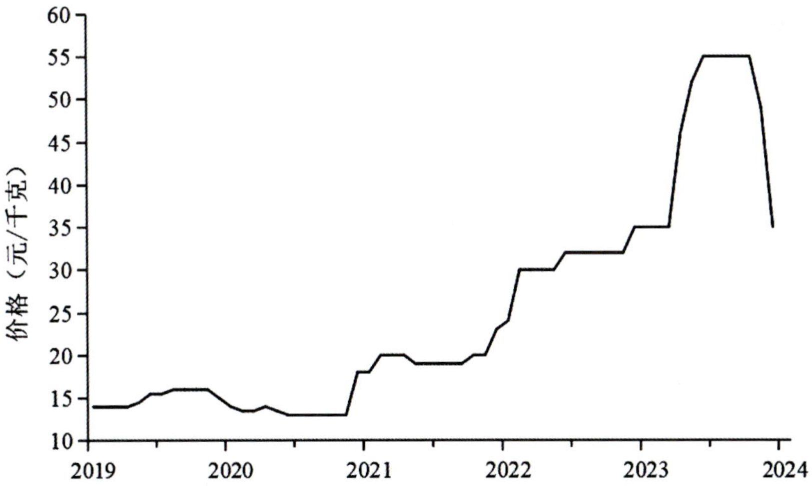

图 2-31-2　天花粉价格波动曲线图

第二章　根及根茎类

参考文献

［1］杨志鹏.天花粉基因条形码鉴定及气候生态适宜性研究［D］.淮安：淮阴工学院，2020.

［2］张黄琴，刘培，董玲，等.栝楼植物不同部位资源化利用策略与途径［J］.中国现代中药，2019，21（1）：45-53.

［3］刘相会，蒋学杰.栝楼栽培管理［J］.特种经济动植物，2018，21（5）：36-37.

［4］马丽.根系分泌物对铝胁迫下栝楼土壤微生态及生长的作用［D］.金华：浙江师范大学，2017.

［5］刘鹏，马丽，吴玉环，等.铝胁迫下栝楼根系分泌物对根际土壤微生态的影响［J］.浙江师范大学学报（自然科学版），2016，39（4）：423-429.

［6］张荣超，辛杰，郭庆梅.栝楼种质资源调查研究［J］.种子，2015，34（9）：58-61.

［7］王真真，郭新苗，辛杰，等.生物技术在栝楼种质资源研究中的应用概况［J］.中成药，2013，35（2）：364-367.

Xuanshen 玄参

SCROPHULARIAE RADIX

图 2-32-1　玄参植物图

一、来源▼

玄参为玄参科植物玄参（*Scrophularia ningpoensis* Hemsl.）的干燥根。冬季茎叶枯萎时采挖，除去根茎、幼芽、须根及泥沙，晒或烘至半干，堆放 3 ～ 6 天，反复数次至干燥。《中华人民共和国药典》2020 年版（一部）收载。

二、形态特征▼

玄参为高大草本，可达 1m 余。支根数条，纺锤形或胡萝卜状膨大，粗可达 3cm 以上。茎四棱形，有浅槽，无翅或有极狭的翅，无毛或多少有白色卷毛，常分枝。叶在茎下部多对生而具柄，上部的有时互生而柄极短，柄长者达 4.5cm，叶片多变化，多为卵形，有时上部的为卵状披针形至披针形，基部楔形、圆形或近心形，边缘具细锯齿，稀为不规则的细重锯齿，大者长达 30cm，宽达 19cm，上部最狭者长约 8cm，宽仅 1cm。花序为疏散的大圆锥花序，由顶生和腋生的聚伞圆锥花序合成，长可达 50cm，但在较小的植株中，仅有顶生聚伞圆锥花序，长不及 10cm，聚伞花序常 2～4 回复出，花梗长 3～30mm，有腺毛；花褐紫色，花萼长 2～3mm，裂片圆形，边缘稍膜质；花冠长 8～9mm，花冠筒多少球形，上唇长于下唇约 2.5mm，裂片圆形，相邻边缘相互重叠，下唇裂片多少卵形，中裂片稍短；雄蕊稍短于下唇，花丝肥厚，退化雄蕊大而近于圆形；花柱长约 3mm，稍长于子房。蒴果卵圆形，连同短喙长 8～9mm。花期 6～10 月，果期 9～11 月。

三、生物学特性▼

玄参喜温和湿润，茎叶能经受轻霜，适应性较强，对土壤要求不严，我国南北方地区都有生长。种植玄参如遇积水易造成根部腐烂而减产。玄参常见于海拔 1700m 以下的竹林中、溪旁、丛林中及高草丛中；适应性较强，在平原、丘陵及低山坡均可栽培。

四、种植现状及分布▼

我国玄参的分布区域主要集中在河南、山西、湖北、安徽、江苏、浙江、福建、江西、湖南、广东、贵州、四川，以及河北（南部）、陕西（南部）等地。

河北省内的玄参栽培区域主要分布在保定市的安国市、石家庄市的正定县等地。

五、适宜性区划▼

（一）适宜性评价指标体系

1. 对温度的适宜性

玄参的生境适宜度随最暖月最高温的升高而增加，在 33.5℃时达到最大值。最冷月的最低温变化范围为 –25～–10℃时，玄参的生境适宜度随着温度升高而增加；在 –10～–6℃时，玄参的生境适宜度随着温度升高而减少。

2. 对水分的适宜性

年平均降水量小于 600mm 时，玄参的生境适宜度随年均降水量的增加而增加；在 600mm 以上时，其生境适宜度随降水量的增加而减少。

3. 对海拔的适宜性

海拔在 0 ～ 800m 时，玄参的生境适宜度较好；海拔在 800m 以上时，其生境适宜度随海拔的上升而逐渐减少。

4. 对酸碱度的适宜性

在酸碱度 9 以下的环境中，玄参的生境适宜度随酸碱度的增加而增加；酸碱度为 9 时，其生境适宜度达到最佳。

（二）生态适宜性评价

根据环境因子及相关数据，采用 Maxent 模型预测玄参生态适宜分布区，利用 GIS 技术将其表现出来。玄参在河北省区域内的生态适宜区主要分在邯郸市的涉县、武安市等地；次适宜区主要分布在邢台市的沙河市、信都区、内丘县、临城县，石家庄市的赞皇县等地。

六、价格波动▼

玄参的价格在 2019 年 1 月至 6 月稳定在 10.5 元 / 千克；2019 年 7 月至 2020 年 10 月，价格稳定在 12 元 / 千克；2020 年 11 月至 2022 年 5 月，价格在 11 ～ 12 元 / 千克波动；2022 年 6 月至 2023 年 2 月，价格稳定在 10 元 / 千克；2023 年 3 月后上涨至 19.5 元 / 千克。

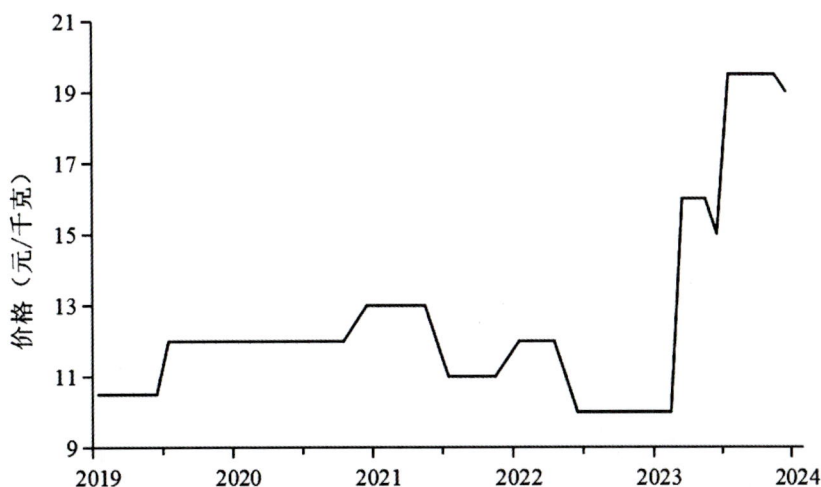

图 2-32-2 玄参价格波动曲线图

参考文献

[1] 何伯伟,姜娟萍,徐丹彬.道地药材玄参和前胡生产技术[J].新农村,
2020(11):22.

[2] 罗霄,付帅,毛正睿,等.玄参饮片不同炮制规范及质量标准的比较
[J].重庆中草药研究,2018(2):26-30.

[3] 郭军,戴荣国,杨祥云,等.玄参——适宜山区推广的主要药用蜜源
[J].特种经济动植物,2011,14(9):31.

[4] 赵辉.廉桥玄参价格下滑黄精走动较快[J].中国现代中药,2008(5):
59-60.

Yuanzhi 远志

POLYGALAE RADIX

一、来源▼

远志为远志科植物远志 *Polygala tenuifolia* Willd. 或卵叶远志 *Polygala sibirica* L. 的干燥根。春、秋二季采挖，除去须根和泥沙，晒干或抽取木心晒干。《中华人民共和国药典》2020年版（一部）收载。

二、形态特征▼

远志为多年生草本，高 15～50cm。主根粗壮，韧皮部肉质，浅黄色，长达十余厘米。茎多数丛生，直立或倾斜，具纵棱槽，被短柔毛。单叶互生，叶片纸质，线形至线状披针形，长 1～3cm，宽 0.5～1（～3）mm，先端渐尖，基部楔形，全缘，反卷，无毛或极疏被微柔毛，主脉上面凹陷，背面隆起，侧脉不明显，近无柄。总状花序呈扁侧状生于小枝顶端，细弱，长 5～7cm，通常略俯垂，少花，稀疏；苞片 3，披针形，长约 1mm，先端渐尖，早落；萼片 5，宿存，无毛，外面 3 枚线状披针形，长约 2.5mm，急尖，里面 2 枚花瓣状，倒卵形或长圆形，长约 5mm，宽约 2.5mm，先端圆形，具短尖头，沿中脉绿色，周围膜质，带紫堇色，基部具爪；花瓣 3，紫色，侧瓣斜长圆形，长约 4mm，基部与龙骨瓣合生，基部内侧具柔毛，龙骨瓣较侧瓣长，具流苏状附属物；雄蕊 8，花丝 3/4 以下合生成鞘，具缘毛，3/4 以上两侧各 3 枚合生，花药无柄，中间 2 枚分离，花丝丝状，具狭翅，花药长卵形；子房扁圆形，顶端微缺，花柱弯曲，顶端呈喇叭形，柱头内藏。蒴果圆形，径约 4mm，顶端微凹，具狭翅，无缘毛；种子卵形，径约 2mm，黑色，密被白色柔毛，种阜发达、2 裂下延。花果期 5～9 月。

卵叶远志为多年生草本，高 15～20cm；茎、枝直立或外倾，绿褐色或绿色，具纵棱，被卷曲短柔毛。单叶互生，叶片厚纸质或亚革质。卵形或卵状披针形，稀狭披针形，长 1～2.3（～3）cm，宽（3～）5～9mm，先端钝，具短尖头，基部阔楔形至圆形，全缘，叶面绿色，背面淡绿色，两面无毛或被短柔毛，主脉上面凹陷，背面隆起，侧脉 3～5 对，两面凸起，并被短柔毛；叶柄长约 1mm，被短柔毛。总状花序与叶对生，或腋外生，最上 1 个花序低于茎顶。花梗细，长约 7mm，被短柔毛，基部具 1 披针形、早落的苞片；萼片 5，宿存，外面 3 枚披针形，长 4mm，外面被短柔毛，里面 2 枚花瓣状，卵形至长圆形，长约 6.5mm，宽约 3mm，先端圆形，具短尖头，基部具爪；花瓣 3，白色至紫色，基部合生，侧瓣长圆形，长约 6mm，基部内侧被短柔毛，龙骨瓣舟状，具流苏状鸡冠状附属物；雄蕊 8，花丝长 6mm，全部合生成鞘，鞘 1/2 以下与花瓣贴生，且具缘毛，花药无柄，顶孔开裂；子房倒卵形，径约 2mm，具翅，花柱长约 5mm，弯曲，柱头 2，间隔排列。蒴果圆形，径约 6mm，短于内萼片，顶端凹陷，具喙状突尖，边缘具有横脉的阔翅，无缘毛。种子 2 粒，卵形，长约 3mm，径约 1.5mm，黑色，密被白色短柔毛，种阜 2 裂下延，疏被短柔毛。花期 4 ～ 5 月，果期 5 ～ 8 月。

三、生物学特性▼

远志喜凉爽气候，耐干旱、忌高温，多野生于较干旱的田野、路旁、山坡等地，以向阳、排水良好的沙质土栽培为好，黏壤土、黏土、石灰质壤土及低湿地区不宜栽种。远志常见于海拔（200 ～）460 ～ 2300m 的草原上、山坡草地中、灌丛中及杂木林下。卵叶远志常见于海拔 1100 ～ 3300（～ 4300）m 的砂质土、石砾和石灰岩山地灌丛中、林缘中、草地中。

四、种植现状及分布▼

我国远志的分布区域主要集中在东北、华北、西北、华中，以及四川等地。

河北省内的远志栽培区域主要分布在太行山及燕山浅山丘陵地带，坝上高原，保定市的顺平县，张家口市的蔚县，秦皇岛市的青龙满族自治县，承德市的隆化县等地。

五、适宜性区划▼

（一）适宜性评价指标体系

1. 对温度的适宜性

最暖月最高温变化范围在 30.4 ～ 33.4℃时，远志的生境适宜度随温度升高而增加，而后保持稳定。年平均气温的变化范围在 12.2 ～ 14.3℃时，远志的生境适宜度随温度的升高而增加，而后保持恒定不变。

2. 对水分的适宜性

最湿季降水量在 215 ～ 519mm 时，远志的生境适宜度随降水量的增加而增加。最干月降水量在 1 ～ 2.5mm 时，其生境适宜度随降水量的增加而减少；在 2.5 ～ 8mm 时，其生境适宜度随降水量的增加而增加，而后保持不变。

3. 对土壤类型的适宜性

远志在石灰性雏形土、黑色石灰薄层土等土壤类型下有较高的生境适宜度；石灰性疏松岩性土、饱和疏松岩性土等土壤类型次之；其他土壤类型对其生境适宜度影响不大。

4. 对坡向的适宜性

远志在西向、东南向的坡向类型下有较高的生境适宜度；西向、北向等坡向类型则不适合其生长；其他坡向类型对其生境适宜度影响不大。

（二）生态适宜性评价

根据环境因子及相关数据，采用 Maxent 模型预测远志生态适宜分布区，利用 GIS 技术将其表现出来。远志在河北省区域内的生态适宜区主要分布在邯郸市的涉县、武安市等地；次适宜区主要分布在邯郸市的峰峰矿区，邢台市的临城县、信都区，保定市的顺平县、唐县、满城区等地。

六、价格波动▼

远志的价格在 2019 年 1 月至 2020 年 3 月稳定在 150 元 / 千克；2020 年 4 月至 2021 年 1 月稳定在 160 元 / 千克；2021 年 2 月至 2023 年 2 月，价格阶梯式下降至 100 元 / 千克；2023 年 3 月至 2023 年末，价格阶梯式上升至 230 元 / 千克。

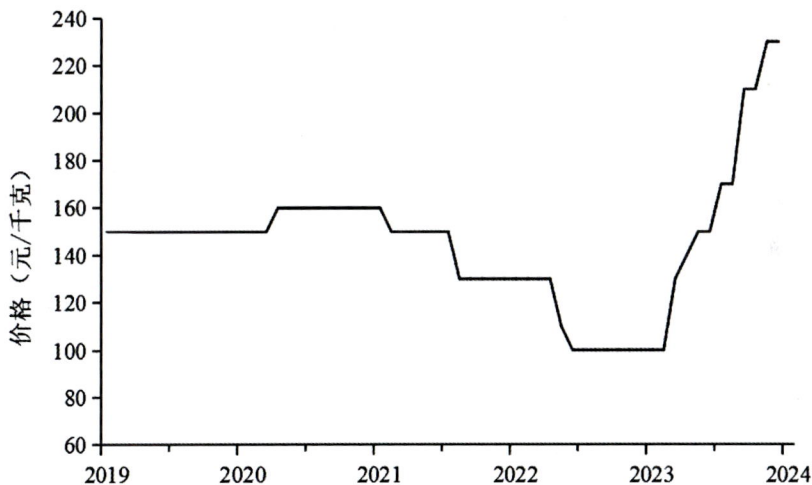

图 2-33-2 远志价格波动曲线图

参考文献

[1] 张孟容，郭敏娜，蔡翠芳.基于 MaxEnt 模型和 ArcGIS 的远志生境适宜性评价 [J].中国实验方剂学杂志，2021，27（4）：122-129.

[2] 万登辉，梁宗锁，韩蕊莲.远志规范化栽培技术及标准 [J].黑龙江农

业科学，2020（10）：93–100.

［3］邓晓霞，靳光乾. 远志的人工种植情况及发展建议［J］. 山东林业科技，2020，50（3）：102–106.

［4］柳敏. 远志高效栽培技术［J］. 河北农业，2019（12）：16.

［5］房敏峰. 远志资源生态化学评价及道地性分析［D］. 西安：西北大学，2015.

［6］赵云生，万德光，严铸云，等. 远志资源生产现状调查［J］. 亚太传统医药，2014，10（14）：1–3.

［7］郭淑红，田洪岭，王耀琴，等. 远志新品种晋远2号的选育经过及栽培技术［J］. 现代农业科技，2018（6）：73.

图 2-34-1　知母植物图

一、来源▼

知母为百合科植物知母 *Anemarrhena asphodeloides* Bge. 的干燥根茎。春、秋二季采挖，除去须根和泥沙，晒干，习称"毛知母"；或除去外皮，晒干。《中华人民共和国药典》2020年版（一部）收载。

二、形态特征▼

知母为多年生草本，根状茎粗 0.5 ～ 1.5cm，被残存的叶鞘所覆盖。叶长 15 ～ 60cm，宽 1.5 ～ 11mm，向先端渐尖而成近丝状，基部渐宽而成鞘状，具多条平行脉，没有明显的中脉。花葶比叶长得多；总状花序通常较长，可达 20 ～ 50cm；苞片小，卵形或卵圆形，先端长渐尖；花粉红色、淡紫色至白色；花被片条形，长 5 ～ 10mm，中央具 3 脉，宿存。蒴果狭椭圆形，长 8 ～ 13mm，宽 5 ～ 6mm，顶端有短喙。种子长 7 ～ 10mm。花果期 6 ～ 9 月。

三、生物学特性▼

知母适应性很强，野生知母常见于向阳山坡地边、草原和杂草丛中，土壤多为黄土及腐殖质壤土。知母性耐寒，北方可在田间越冬；喜温暖，耐干旱，除幼苗期需适当浇水外，生长期间不宜过多浇水，特别在高温环境下，如土壤水分过多会导致生长不良，且根状茎容易腐烂。栽培知母以疏松的腐殖质壤土为宜，低洼积水和过黏的土壤均不宜栽种。

四、种植现状及分布▼

我国知母的分布区域主要集中在河北、山西、山东（山东半岛）、陕西（北部）、甘肃（东部）、内蒙古（南部）、辽宁（西南部）、吉林（西部）和黑龙江（南部）等地。

河北省内的知母栽培区域主要分布在保定市的安国市、博野县、蠡县、定州市，石家庄市的灵寿县、平山县、深泽县，衡水市的安平县，唐山市的迁安市，张家口市的蔚县，邢台市的内丘县，承德市的丰宁满族自治县等地。

五、适宜性区划▼

（一）适宜性评价指标体系

1. 对温度的适宜性

最暖季的平均温变化范围为 10.2 ～ 21.5℃时，知母的生境适宜度随温度的升高而增加，并于 21.5℃时达到最大值；温度变化范围为 21.5 ～ 27.2℃时，其生境适宜度随温度的升高而减少，随后保持不变。最冷季的平均温变化范围在 –18 ～ –10℃时，知母的生境适宜度随着温度升高而增加；在 –11 ～ –2℃时，知母的生境适宜度较高。年平均气温变化范围在 2 ～ 12℃时，知母的生境适宜度较高。

2. 对水分的适宜性

年平均降水量在 325mm 以上时，知母的生境适宜度较高；在 480mm 以上时，其生境适宜度随降水量增加而减少。最暖季降水量在 220 ～ 550mm 时，其生境适宜度随降水量增加而增加，在 550mm 时达到最佳；在 550mm 以上时其生境适宜度保持恒定不变。

3. 对土壤类型的适宜性

知母在石灰性疏松岩性土、饱和疏松岩性土等土壤类型下有较高的生境适宜度；艳色高活性淋溶土、人为堆积土次之；其他土壤环境对其生境适宜度影响不大。

（二）生态适宜性评价

根据环境因子及相关数据，采用 Maxent 模型预测知母生态适宜分布区，利用 GIS 技术将其表现出来。知母在河北省区域内的生态适宜区主要分布在保定市的易县、涞水县、满城区，张家口市的涿鹿县、张北县、宣化区等地；次适宜区主要分布在保定市的涞源县、阜平县，张家口市的蔚县、崇礼区、怀安县等地。

六、价格波动▼

知母的价格于 2019 年 1 月至 2020 年 5 月在 24 ～ 26 元 / 千克小幅波动；2020 年 6 月至 2021 年 8 月，价格持续下跌至 18 元 / 千克；2021 年 9 月至 2023 年 1 月，价格回升至 38 元 / 千克；2023 年 4 月，价格升高至 60 元 / 千克；2023 年 5 月至 12 月，价格下跌至 50 元 / 千克并保持不变。

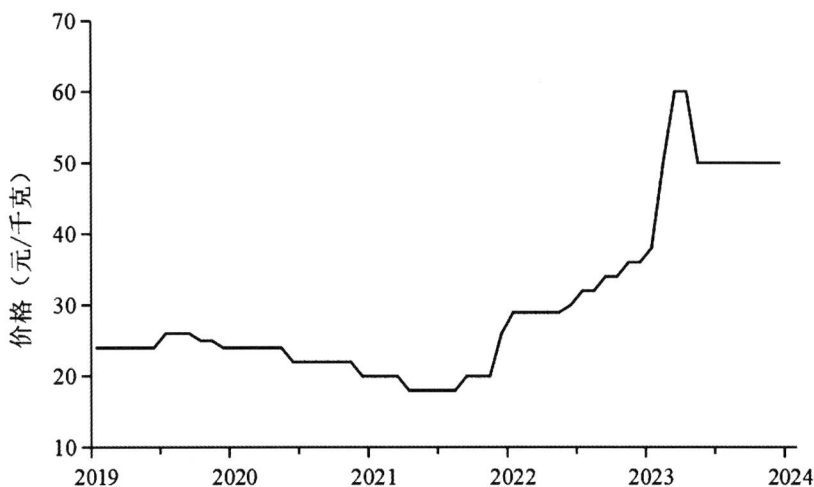

图 2-34-2　知母价格波动曲线图

参考文献

［1］时凯旋，赵凯旋，訾明茹，等.知母种子质量检验方法研究［J］.种子，2020，39（9）：143-146.

［2］李栋，刘霞，王胜爱.沸石对土壤和知母及益母草中镉含量及生长特征的影响［J］.河北农业大学学报，2020，43（4）：83-90.

［3］李栋.沸石对知母和益母草累积 Cd 及其生长的影响［D］.保定：河北农业大学，2020.

［4］陈彩霞，马春英，李先恩，等.知母种苗质量分级标准研究［J］.中国现代中药，2020，22（3）：398-404.

［5］赵小勤，黄晓婧，许莉，等.知母的本草考证和产地调研［J］.亚太传统医药，2019，15（4）：77-79.

［6］石林春，金钺，赵春颖，等.基于 DNA 条形码技术的知母种子基原鉴定［J］.中国实验方剂学杂志，2018，24（12）：21-27.

［7］徐绍娣.北方地区知母无公害栽培管理［J］.特种经济动植物，2017，20（8）：36-37.

［8］周树梅.灵寿县知母栽培管理技术［J］.河北农业，2017（5）：14-15.

图 2-35-1 紫菀植物图

一、来源▼

紫菀为菊科植物紫菀（*Aster tataricus* L.f.）的干燥根和根茎。春、秋二季采挖，除去有节的根茎（习称"母根"）和泥沙，编成辫状晒干，或直接晒干。《中华人民共和国药典》2020 年版（一部）收载。

二、形态特征▼

紫菀为多年生草本，根状茎斜升。茎直立，高 40～50cm，粗壮，基部有纤维状枯叶残片且常有不定根，有棱及沟，被疏粗毛，有疏生的叶。基部叶在花期枯落，长圆状或椭圆状匙形，下半部渐狭成长柄，连柄长 20～50cm，宽 3～13cm，顶端尖或渐尖，边缘有具小尖头的圆齿或浅齿。下部叶匙状长圆形，常较小，下部渐狭或急狭成具宽翅的柄，渐尖，边缘除顶部外有密锯齿；中部叶长圆形或长圆披针形，无柄，全缘或有浅齿，上部叶狭小；全部叶厚纸质，上面被短糙毛，下面被稍疏的但沿脉被较密的短粗毛；中脉粗壮，与 5～10 对侧脉在下面突起，网脉明显。头状花序多数，径 2.5～4.5cm，在茎和枝端排列成复伞房状；花序梗长，有线形苞叶。总苞半球形，长 7～9mm，径 10～25mm；总苞片 3 层，线形或线状披针形，顶端尖或圆形，外层长 3～4mm，宽 1mm，全部或上部草质，被密短毛，内层长达 8mm，宽达 1.5mm，边缘宽膜质且带紫红色，有草质中脉。舌状花二十余个；管部长 3mm，舌片蓝紫色，长 15～17mm，宽 2.5～3.5mm，有 4 至多脉；管状花长 6～7mm且稍有毛，裂片长 1.5mm；花柱附片披针形，长 0.5mm。瘦果倒卵状长圆形，紫褐色，长 2.5～3mm，两面各有 1 或少有 3 脉，上部被疏粗毛。冠毛污白色或带红色，长 6mm，有多数不等长的糙毛。花期 7～9 月；果期 8～10 月。

三、生物学特性▼

紫菀生长于海拔 400～2000m 的低山阴坡湿地、山顶和低山草地及沼泽地中，耐涝、怕干旱，耐寒性较强。

四、种植现状及分布▼

我国紫菀分布区域主要集中在黑龙江、吉林、辽宁、山西、河北，以及内蒙古东部和南部、河南西部、陕西及甘肃等地。

河北省内的紫菀栽培区域主要分布在保定市的安国市、邯郸市的临漳县、石家庄市的深泽县、衡水市的安平县、张家口市的涿鹿县等地。

五、适宜性区划▼

（一）适宜性评价指标体系

1. 对温度的适宜性

最暖月最高温在 33.5℃时，紫菀的生境适宜度最佳。最冷月的最低温变化范围在 –2.5～–2℃时，紫菀的生境适宜度随着温度升高而增加；在 –2～0℃时，紫菀的生境适宜度较高。适宜紫菀生长的年平均温度在 12℃左右。

2. 对水分的适宜性

年平均降水量在 420mm 以下时，紫菀的生境适宜度随年均降水量的增加而增加；降水量在 420mm 时，紫菀的生境适宜度达到最佳。

3. 对坡度的适宜性

坡度为 19.723 度以下时，紫菀的生境适宜度随坡度的增加而增加；当坡度为 19.723 度时，紫菀的生境适宜度最佳。

4. 对酸碱度的适宜性

酸碱度范围在 0～7 时，紫菀的生境适宜度最佳；酸碱度大于 7 时，其生境适宜度随着酸碱度的增加而减少。

（二）生态适宜性评价

根据环境因子及相关数据，采用 Maxent 模型预测紫菀生态适宜分布区，利用 GIS 技术将其表现出来。紫菀在河北省区域内的生态适宜区主要分布在张家口市的涿鹿县，保定市的安国市、望都县、顺平县等地；次适宜区主要分布在保定市的博野县、蠡县、易县，石家庄市的深泽县、无极县，承德市的兴隆县等地。

六、价格波动▼

紫菀的价格在 2019 年 1 月至 2022 年 3 月稳定在 13～14 元 / 千克范围内；2022 年 4 月至 2022 年 12 月，价格在 16～17 元 / 千克波动；2023 年 1 月，价格陡升至 45 元 / 千克；2023 年 7 月，价格陡升至 80 元 / 千克；2023 年 12 月，价格回跌至 70 元 / 千克。

第二章　根及根茎类

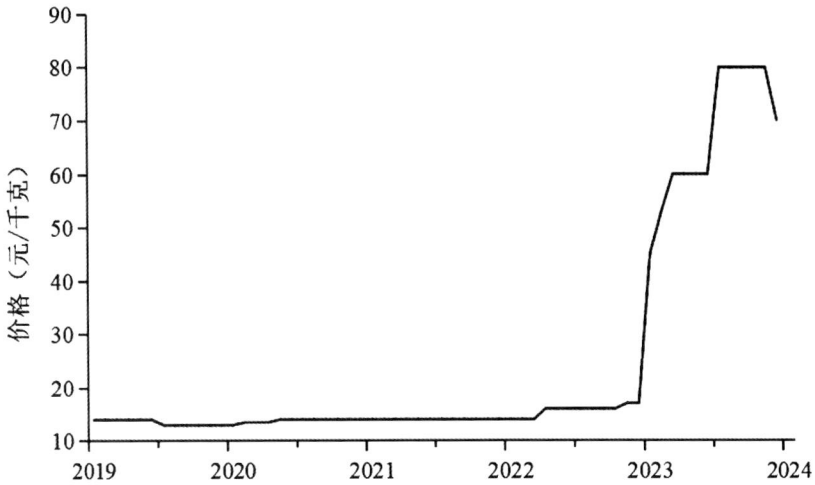

图 2-35-2 紫菀价格波动曲线图

参考文献

[1] 熊一唱.紫菀属新种（崖生紫菀）及其近缘种（小花三脉紫菀）的分类学研究［D］.长沙：湖南师范大学，2020.

[2] 姚洁，程磊，朱月健，等.优质紫菀种苗标准化体系评价指标研究进展［J］.现代农业科技，2019（16）：67-68.

[3] 张开雪，马伟，熊超，等.蜜紫菀饮片标准汤剂制备及质量评价方法研究［J］.中药材，2018，41（4）：904-908.

[4] 张蓓蓓，梁琪，范慧茸，等.亳紫菀的栽培现状及建议［J］.山东农业工程学院学报，2017，34（6）：161-162.

[5] 张智勇.紫菀高产栽培技术［J］.特种经济动植物，2015，18（1）：35-36.

[6] 胡永青.中药材紫菀无公害栽培技术［J］.河北农业，2014（6）：20-21.

[7] 田汝美.紫菀种质资源评价及种苗质量分级标准研究［D］.保定：河北农业大学，2012.

第三章

茎枝类中药

Zaojiaoci 皂角刺

GLEDITSIAE SPINA

一、来源▼

皂角刺为豆科植物皂荚 *Gleditsia sinensis* Lam. 的干燥棘刺。全年均可采收，干燥，或趁鲜切片，干燥。《中华人民共和国药典》2020 年版（一部）收载。

二、形态特征▼

皂荚为多年生落叶乔木或小乔木，高可达 30m。枝灰色至深褐色；刺粗壮，圆柱形，常分枝，多呈圆锥状，长达 16cm。叶为一回羽状复叶，长 10 ～ 18（26）cm；小叶（2）3 ～ 9 对，纸质，卵状披针形至长圆形，长 2 ～ 8.5（12.5）cm，宽 1 ～ 4（6）cm，先端急尖或渐尖，顶端圆钝，具小尖头，基部圆形或楔形，有时稍歪斜，边缘具细锯齿，上面被短柔毛，下面中脉上稍被柔毛；网脉明显，在两面凸起；小叶柄长 1 ～ 2(5)mm，被短柔毛。花杂性，黄白色，组成总状花序；花序腋生或顶生，长 5 ～ 14cm，被短柔毛；雄花：直径 9 ～ 10mm；花梗长 2 ～ 8（10）mm；花托长 2.5 ～ 3mm，深棕色，外面被柔毛；萼片 4，三角状披针形，长 3mm，两面被柔毛；花瓣 4，长圆形，长 4 ～ 5mm，被微柔毛；雄蕊 8（6）；退化雌蕊长 2.5mm；两性花：直径 10 ～ 12mm；花梗长 2 ～ 5mm；萼、花瓣与雄花的相似，唯萼片长 4 ～ 5mm，花瓣长 5 ～ 6mm；雄蕊 8；子房缝线上及基部被毛（偶有少数湖北标本子房全体被毛），柱头浅 2 裂；胚珠多数。荚果带状，长 12 ～ 37cm，宽 2 ～ 4cm，劲直或扭曲，果肉稍厚，两面鼓起，或有的荚果短小，多少呈柱形，长 5 ～ 13cm，宽 1 ～ 1.5cm，弯曲作新月形，通常称猪牙皂，内无种子；果颈长 1 ～ 3.5cm；果瓣革质，褐棕色或红褐色，常被白色粉霜；种子多颗，长圆形或椭圆形，长 11 ～ 13mm，宽 8 ～ 9mm，棕色，光亮。花期 3 ～ 5 月；果期 5 ～ 12 月。

三、生物学特性▼

皂荚生于海拔 0 ～ 2500m 的山坡林中或谷地中，亦常栽培于庭院中或宅旁。皂荚喜光而稍耐荫，喜温暖湿润的气候，以及深厚、肥沃适当的湿润土壤，但对土壤要求不严，在石灰质及盐碱土壤甚至黏土或砂土中均能正常生长。

四、种植现状及分布▼

我国皂荚的分布区域主要集中在河北、山东、河南、山西、贵州、四川等地。

河北省内的皂荚栽培区域主要分布在邢台市的南和区、石家庄市的井陉县、张家口市的怀安县等地。

五、适宜性区划▼

（一）适宜性评价指标体系

1. 对温度的适宜性

最湿季平均温变化范围在 11.9 ～ 26.9℃时，皂荚的生境适宜度随温度升高而逐渐增加；在 26.9℃时其生境适宜度最佳；温度高于 26.9℃时，其生境适宜度保持恒定。最冷季平均温变化范围在 –18 ～ –1℃时，其生境适宜度随温度升高而逐渐增加；在 1℃时其生境适宜度最佳；在 –1 ～ 1℃时，其生境适宜度随温度升高而逐渐减少，随后其生境适宜度保持恒定。

2. 对水分的适宜性

年平均降水量在 321 ～ 535mm 时，皂荚的生境适宜度随降水量升高而逐渐增加；在 535mm 时，其生境适宜度最佳；在 535 ～ 752mm 时，其生境适宜度逐渐降低，直至 752mm 时保持稳定。最干季降水量在高于 9mm 时，皂荚的生境适宜度较高。

3. 对海拔的适宜性

海拔在 0 ～ 30m 时，皂荚的生境适宜度随海拔升高而增加；海拔在 30 ～ 109m 时，其生境适宜度随海拔升高而逐渐减少；海拔在 109m 时，其生境适宜度达到最小值；海拔高于 109m 时，其生境适宜度保持稳定。

4. 对土壤类型的适宜性

皂荚在简育栗钙土、饱和薄层土等土壤类型下有较高的生境适宜度；钙积潜育土、过渡性红砂土等土壤类型次之；其他类型则不适合皂荚生长。

（二）生态适宜性评价

根据环境因子及相关数据，采用 Maxent 模型预测皂荚的生态适宜分布区，利用 GIS 技术将其表现出来。皂荚在河北省区域内的生态适宜区主要分布在邢台市的沙河市、信都区、内丘县、临城县，邯郸市的永年区、临漳县，石家庄市的赞皇县、元氏县、行唐县，保定市的曲阳县、唐县、顺平县、满城区等地；次适宜区主要分布在邢台市的巨鹿县、隆尧县，沧州市的吴桥县、东光县，廊坊市的香河县，保定市的涞水县、易县等地。

六、价格波动▼

皂角刺的价格在 2019 年 1 月至 5 月由 50 元 / 千克上升至 55 元 / 千克并保持稳定；2019 年 10 月至 2020 年 12 月，价格在 50 元 / 千克上下波动；2021 年 1 月，价格骤降至 33 元 / 千克；2021 年 2 月至 11 月，价格稳定在 33 元 / 千克；2021 年 12 月至 2022 年 5 月，价格稳定在 30 元 / 千克；2022 年 6 月至 2023 年 4 月，价格稳定在 35 元 / 千克；2023 年 5 月，价格上升至 38 元 / 千克并保持稳定，直至 2023 年末。

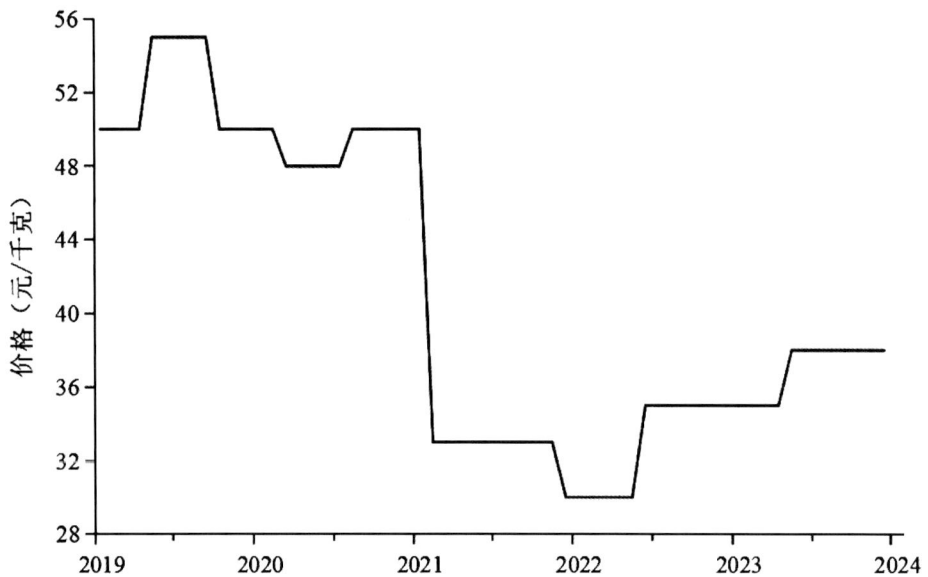

图 3-1-1　皂角刺价格波动曲线图

参考文献

[1] 李保会，张卫强，赵连青，等 . 河北省野皂荚资源现状及产业开发策略 [J]. 林业与生态科学，2020，35（4）：432-435.

[2] 李连海 . 辽西地区天然野皂荚灌丛群落特性评价 [J]. 乡村科技，2020 （15）：69-70.

[3] 邓运川，赵厚星 . 皂荚栽培技术 [J]. 中国花卉园艺，2017（6）：52-53.

[4] 李伟 . 中国南方皂荚遗传资源评价研究 [D]. 北京：中国林业科学研究院，2013.

［5］江伦祥.皂荚育苗与栽培技术［J］.农技服务，2013，30（1）：62.

［6］张祖成，黄春晖.皂荚栽培技术及利用价值［J］.农技服务，2011，28（7）：1068-1069.

［7］尉伯瀚.太行山南端野皂荚群落数量生态学研究［D］.太原：山西大学，2011.

第四章

果实及种子类

图 4-1-1　车前植物图

一、来源▼

车前子为车前科植物车前 *Plantago asiatica* L. 或平车前 *Plantago depressa* Willd. 的干燥成熟种子。夏、秋二季种子成熟时采收果穗，晒干，搓出种子，除去杂质。《中华人民共和国药典》2020 年版（一部）收载。

二、形态特征▼

车前为多年生草本。须根多数；根茎短，稍粗。叶基生呈莲座状，平卧、斜展或直立；叶片薄纸质或纸质，宽卵形至宽椭圆形，长 4 ～ 12cm，宽 2.5 ～ 6.5cm，先端钝圆至急尖，边缘波状、全缘或中部以下有锯齿、牙齿或裂齿，基部宽楔形或近圆形，多少下延，两面疏生短柔毛；脉 5 ～ 7 条；叶柄长 2 ～ 15（～ 27）cm，基部扩大成鞘，疏生短柔毛。花序 3 ～ 10 个，直立或弓曲上升；花序梗长 5 ～ 30cm，有纵条纹，疏生白色短柔毛；穗状花序细圆柱状，长 3 ～ 40cm，紧密或稀疏，下部常间断；苞片狭卵状三角形或三角状披针形，长 2 ～ 3mm，长过于宽，龙骨突宽厚，无毛或先端疏生短毛。花具短梗；花萼长 2 ～ 3mm，萼片先端钝圆或钝尖，龙骨突不延至顶端，前对萼片椭圆形，龙骨突较宽，两侧片稍不对称，后对萼片宽倒卵状椭圆形或宽倒卵形。花冠白色，无毛，冠筒与萼片约等长，裂片狭三角形，长约 1.5mm，先端渐尖或急尖，具明显的中脉，于花后反折。雄蕊着生于冠筒内面近基部，与花柱明显外伸，花药卵状椭圆形，长 1 ～ 1.2mm，顶端具宽三角形突起，白色，干后变淡褐色。胚珠 7 ～ 15（～ 18）。蒴果纺锤状卵形、卵球形或圆锥状卵形，长 3 ～ 4.5mm，于基部上方周裂。种子 5 ～ 6（～ 12），卵状椭圆形或椭圆形，长（1.2 ～）1.5 ～ 2mm，具角，黑褐色至黑色，背腹面微隆起；子叶背腹向排列。花期 4 ～ 8 月，果期 6 ～ 9 月。

三、生物学特性▼

车前喜温暖、阳光充足、湿润的环境，怕涝、怕旱，适宜在肥沃的沙壤土上种植。车前生于海拔 3 ～ 3200m 的草地、沟边、河岸湿地、田边、路旁或村边空旷处。

四、种植现状及分布▼

我国车前的分布区域主要集中在黑龙江、吉林、辽宁、内蒙古、河北、山西、陕西、甘肃、新疆、山东、江苏、安徽、浙江、江西、福建、台湾、河南、湖北、湖南等地。

河北省内的车前栽培区域主要分布在保定市的安国市，邢台市的临城县、隆尧县，张家口市的阳原县，邯郸市的涉县，秦皇岛市的昌黎县、抚宁区，石家庄市的行唐县、元氏县、深泽县等地。

五、适宜性区划▼

（一）适宜性评价指标体系

1. 对温度的适宜性

最暖季平均温在 26.2℃时，车前的生境适宜度达到最大值；在 26.2℃以上时，其生境适宜度随温度升高而减少，直至 27.3℃时达到最小值，而后保持稳定。最冷季平均温变化范围在 -2 ～ 6℃时，车前的生境适宜度随温度升高而逐渐增加，之后稳定不变。最湿季平均温变化范围在 10 ～ 26℃时，车前的生境适宜度随温度的升高而增加，26℃时达到最大值，而后逐渐降低，最终趋于平稳。适宜车前生长的年平均温度在 14℃左右。

2. 对水分的适宜性

年平均降水量在 410mm 以下时，车前的生境适宜度随降水量的增加而增加，并在 410mm 时达到最大值；降水量在 410mm 以上时，其生境适宜度稳定不变。

3. 对海拔的适宜性

海拔在 0 ～ 100m 时，车前的生境适宜度随海拔上升而增加；海拔在 100m 以上时，其生境适宜度随海拔上升而逐渐下降。

4. 对土壤类型的适宜性

车前在简育盐土、城镇工矿区等土壤类型下有较高的生境适宜度；过渡性红砂土、潜育黑土等土壤类型次之；其他类型则不适合车前生长。

（二）生态适宜性评价

根据环境因子及相关数据，采用 Maxent 模型预测车前生态适宜分布区，利用 GIS 技术将其表现出来。车前在河北省区域内的生态适宜区主要分布在石家庄市的鹿泉区、正定县、元氏县、行唐县，秦皇岛市的青龙满族自治县，保定市的安国市、望都县，沧州市的东光县，邢台市的内丘县、临城县等地；次适宜区主要分布在邯郸市的武安市、磁县等地。

六、价格波动▼

车前子的价格在 2019 年 1 月至 11 月在 17 ～ 18.5 元 / 千克波动；2019 年 12 月至 2022 年 4 月，价格逐渐上升至 105 元 / 千克；2022 年 5 月至 6 月，价格下跌至 56 元 / 千克；2022 年 7 月至 9 月，价格回升至 89 元 / 千克；2022 年 10 月至 2023 年 12 月，价格呈降低趋势，逐渐降至 26 元 / 千克。

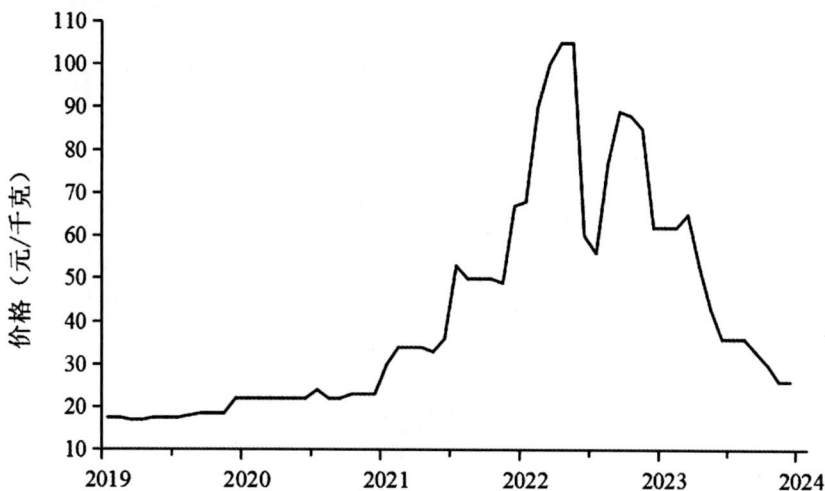

图 4-1-2　车前子价格波动曲线图

参考文献

[1] 高武，汪道顺，詹志来，等．经典名方中车前子基原的本草考证［J］．中国现代中药，2020，22（11）：1896-1902.

[2] 李潮，温柔，严丽萍，等．车前子的品种、炮制及质量评价研究概况［J］．中国实验方剂学杂志，2021，27（5）：224-232.

[3] 姚闽，熊江红，李超，等．车前子资源调查及外观品质评价研究［J］．实用中西医结合临床，2018，18（7）：177-179.

[4] 姚闽，王勇庆，白吉庆，等．车前草与车前子应用历史沿革考证及资源调查［J］．中医药导报，2016，22（17）：36-39.

图 4-2-1　连翘植物图

一、来源▼

连翘为木犀科植物连翘 *Forsythia suspensa*（Thunb.）Vahl 的干燥果实。秋季果实初熟尚带绿色时采收，除去杂质，蒸熟，晒干，习称"青翘"；果实熟透时采收，晒干，除去杂质，习称"老翘"。《中华人民共和国药典》2020 年版（一部）收载。

二、形态特征▼

连翘为多年生落叶灌木。枝开展或下垂，棕色、棕褐色或淡黄褐色，小枝土黄色或灰褐色，略呈四棱形，疏生皮孔，节间中空，节部具实心髓。叶通常为单叶，或 3 裂至三出复叶，叶片卵形、宽卵形或椭圆状卵形至椭圆形，长 2 ～ 10cm，宽 1.5 ～ 5cm，先端锐尖，基部圆形、宽楔形至楔形，叶缘除基部外具锐锯齿或粗锯齿，上面深绿色，下面淡黄绿色，两面无毛；叶柄长 0.8 ～ 1.5cm，无毛。花通常单生或 2 至数朵着生于叶腋，先于叶开放；花梗长 5 ～ 6mm；花萼绿色，裂片长圆形或长圆状椭圆形，长（5 ～）6 ～ 7mm，先端钝或锐尖，边缘具睫毛，与花冠管近等长；花冠黄色，裂片倒卵状长圆形或长圆形，长 1.2 ～ 2cm，宽 6 ～ 10mm；在雌蕊长 5 ～ 7mm 花中，雄蕊长 3 ～ 5mm，在雄蕊长 6 ～ 7mm 的花中，雌蕊长约 3mm。果卵球形、卵状椭圆形或长椭圆形，长 1.2 ～ 2.5cm，宽 0.6 ～ 1.2cm，先端喙状渐尖，表面疏生皮孔；果梗长 0.7 ～ 1.5cm。花期 3 ～ 4 月，果期 7 ～ 9 月。

三、生物学特性▼

连翘喜光，有一定耐阴性；喜温暖、湿润气候，也很耐寒；耐干旱瘠薄，怕涝；不择土壤，在中性、微酸性或碱性土壤中均能正常生长。连翘生山坡灌丛、林下、草丛、山谷、山沟疏林中。连翘的根系发达，虽主根不太显著，但其侧根都较粗而长，须根众多，广泛伸展于主根周围，大大增强其吸收和固土能力；耐寒力强，经抗寒锻炼后，可耐受 –50℃低温；萌发力强、发丛快，可很快扩大其分布面。

四、种植现状及分布▼

我国连翘的分布区域主要集中在河北、山西、陕西、山东，以及安徽（西部）、河南（西北部）、江苏（西北部）等地。

河北省内的连翘栽培区域主要分布在邯郸市的涉县、武安市、峰峰矿区，承德市的围场满族蒙古族自治县、隆化县，石家庄市的灵寿县、平山县、井陉县，张家口市的怀安县，秦皇岛市的青龙满族自治县，保定市的定州市等地。

五、适宜性区划▼

（一）适宜性评价指标体系

1. 对温度的适宜性

最暖季平均温变化范围在 12 ～ 25℃时，连翘的生境适宜度随着温度的升高而增加，并于 25℃时达到最佳；在高于 25℃时，其生境适宜度随温度升高而减少，直至 27℃时达到最小值，而后保持稳定。最冷季平均温变化范围在 –18 ～ –2.5℃时，连翘的生境适宜度随温度的升高而增加，于 –2.5℃时达到最大值；在高于 2.5℃时，其生境适宜度随温度升高而逐渐减少。适宜连翘生长的年平均温度在 13℃左右。

2. 对水分的适宜性

年平均降水量在 325 ～ 460mm 时，连翘的生境适宜度随着降水量的增加而逐渐增加，并于 460mm 时达到最佳；降水量高于 460mm 时，其生境适宜度随着降水量的增加而减少。

3. 对土壤类型的适宜性

连翘在简育高活性淋溶土、暗色火山灰土土壤类型下生境适宜度较高；在石灰性疏松岩性土土壤类型下次之；在饱和疏松岩性土土壤类型下其生境适宜度较低；其他土壤类型对连翘的生境适宜度无较大影响。

4. 对海拔的适宜性

海拔在 0 ～ 50m 时，连翘的生境适宜度随海拔上升而增加；海拔高于 50m 时，其生境适宜度随海拔上升而逐渐下降。

（二）生态适宜性评价

根据环境因子及相关数据，采用 Maxent 模型预测连翘生态适宜分布区，利用 GIS 技术将其表现出来。连翘在河北省区域内的生态适宜区主要分布在邯郸市的涉县，邢台市的信都区，石家庄市的井陉县、赞皇县，保定市的望都县、安国市，承德市的围场满族蒙古族自治县等地；次适宜区主要分布在廊坊市的固安县，石家庄市的行唐县、平山县、新乐市，保定市的定州市等地。

六、价格波动▼

2019 年 1 月，连翘的价格为 40 元 / 千克，而后波动式上升，至 2023 年 1 月，连翘的价格最高，为 220 元 / 千克；2023 年 2 月至 12 月，价格波动式下降至 170 元 / 千克。

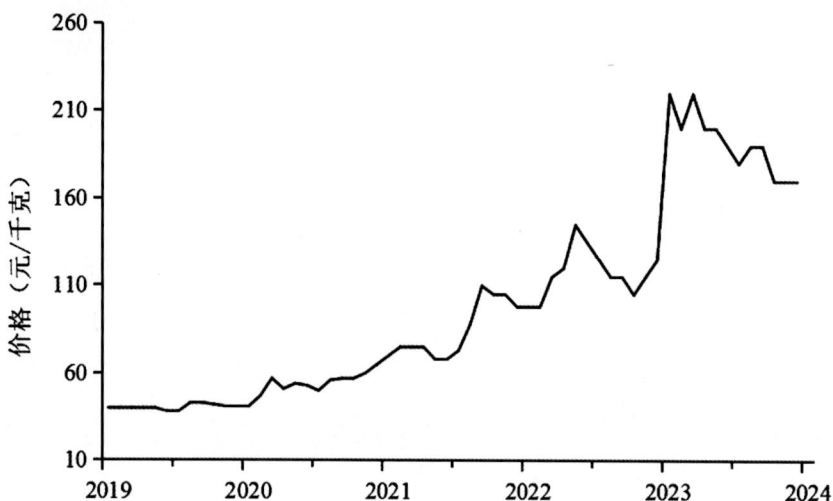

图 4-2-2　连翘价格波动曲线图

参考文献

［1］刘洁，阎世江.浅析连翘栽培技术［J］.天津农林科技，2020（4）：23-25.

［2］赵艳丽.连翘生长和结果习性浅析［J］.园艺与种苗，2020，40（8）：28-29.

［3］贺献林，贾和田，王海飞，等.太行山区野生连翘抚育修剪技术［J］.现代农村科技，2019（11）：35.

［4］杨红旗，李春明，谭政委，等.卢氏连翘生产现状及无公害高效栽培技术［J］.特种经济动植物，2019，22（8）：30-32.

［5］董香英，董淑红.连翘栽培技术［J］.河北农业，2019（4）：10-11.

［6］杜文元.连翘育苗与栽培管理技术［J］.山西林业，2018（2）：32-33.

［7］彭良虎.古蔺山区连翘无公害栽培技术［J］.乡村科技，2016（35）：7-8.

图 4-3-1　山楂植物图

一、来源▼

山楂为山楂 *Crataegus pinnatifida* Bge. 或蔷薇科植物山里红 *Crataegus pinnatifida* Bge.var. *major* N.E.Br. 的干燥成熟果实。秋季果实成熟时采收，切片，干燥。《中华人民共和国药典》2020 年版（一部）收载。

二、形态特征▼

山楂为多年生落叶乔木，高达 6m。树皮粗糙，暗灰色或灰褐色；刺长 1～2cm，有时无刺；小枝圆柱形，当年生枝紫褐色，无毛或近于无毛，疏生皮孔，老枝灰褐色；冬芽三角卵形，先端圆钝，无毛，紫色。叶片宽卵形或三角状卵形，稀菱状卵形，长 5～10cm，宽 4～7.5cm，先端短渐尖，基部截形至宽楔形，通常两侧各有 3～5 羽状深裂片，裂片卵状披针形或带形，先端短渐尖，边缘有尖锐稀疏不规则重锯齿，上面暗绿色有光泽，下面沿叶脉有疏生短柔毛或在脉腋有髯毛，侧脉 6～10 对，有的达到裂片先端，有的达到裂片分裂处；叶柄长 2～6cm，无毛；托叶草质，镰形，边缘有锯齿。伞房花序具多花，直径 4～6cm，总花梗和花梗均被柔毛，花后脱落，减少，花梗长 4～7mm；苞片膜质，线状披针形，长 6～8mm，先端渐尖，边缘具腺齿，早落；花直径约 1.5cm；萼筒钟状，长 4～5mm，外面密被灰白色柔毛；萼片三角卵形至披针形，先端渐尖，全缘，约与萼筒等长，内外两面均无毛，或在内面顶端有髯毛；花瓣倒卵形或近圆形，长 7～8mm，宽 5～6mm，白色；雄蕊 20，短于花瓣，花药粉红色；花柱 3～5，基部被柔毛，柱头头状。果实近球形或梨形，直径 1～1.5cm，深红色，有浅色斑点；小核 3～5，外面稍具棱，内面两侧平滑；萼片脱落很迟，先端留一圆形深洼。花期 5～6 月，果期 9～10 月。

三、生物学特性▼

山楂一般生于山谷或山地灌木丛中，适应能力强，抗洪涝能力超强。

四、种植现状及分布▼

我国山楂的分布区域主要集中在河北、黑龙江、辽宁、河南、山东、吉林、山西等地。河北省的山楂栽培区域主要分布在承德市的兴隆县、邢台市的清河县、邯郸市的武安市、沧州市的献县、保定市的安国市等地。

五、适宜性区划▼

（一）适宜性评价指标体系

1. 对温度的适宜性

最暖季平均温变化范围在 11 ～ 23℃时，山楂的生境适宜度随着温度的升高而增加，于 23℃时达到最佳；在 23 ～ 27℃时，其生境适宜度随温度升高而减少，直至 27℃时达到最小值，而后保持稳定。最冷季平均温变化范围在 –18 ～ –4℃时，山楂的生境适宜度随温度的升高而增加，于 –4℃时达到最佳；在 –4℃以上时，其生境适宜度随温度升高而逐渐降低。适宜山楂生长的年平均温度在 11℃左右。

2. 对水分的适宜性

年平均降水量在 325 ～ 650mm 范围内，山楂的生境适宜度随着降水量的增加而逐渐增加，并于 650mm 达到最佳；然后随着降水量的增加其生境适宜度逐渐降低。

3. 对土壤类型的适宜性

山楂在松软薄层土、简育盐土土壤类型下生境适宜度较高；潜育高活性淋溶土、简育高活性淋溶土土壤类型下次之；在石灰性雏形土土壤类型下其生境适宜度较低；其他土壤类型对山楂的生境适宜度无较大影响。

4. 对植被类型的适宜性

山楂在一年一熟的粮食作物、耐寒经济作物和落叶果树园植被类型下有较高的生境适宜度；在两年三熟或一年两熟的旱作和落叶果树园植被类型下次之；其他植被类型对山楂的生境适宜度没有较大影响。

（二）生态适宜性评价

根据环境因子及相关数据，采用 Maxent 模型预测山楂生态适宜分布区，利用 GIS 技术将其表现出来。山楂在河北省区域内的生态适宜区主要分布在秦皇岛市的山海关区，唐山市的丰南区，邢台市的新河县，保定市的望都县、清苑区等地；次适宜区主要分布在承德市的承德县、滦平县，保定市的安国市、博野县，邢台市的隆尧县、巨鹿县等地。

六、价格波动▼

山楂的价格在 2019 年 1 月至 12 月稳定在 9 元 / 千克；2020 年 1 月至 10 月，价格稳定在 11 元 / 千克；2020 年 12 月至 2021 年 11 月，价格稳定在 8 元 / 千克；2022 年 1 月至 2023 年 12 月，价格波动式上升，直至 14 元 / 千克。

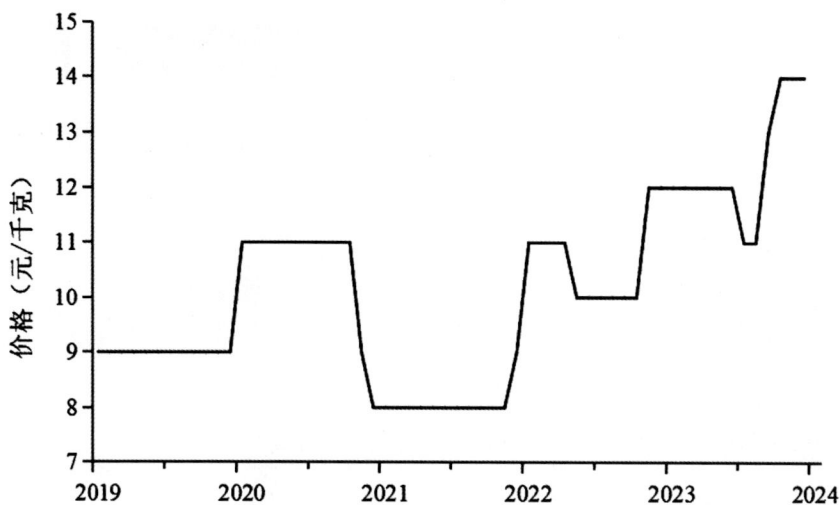

图 4-3-2　山楂价格波动曲线图

参考文献

［1］卡娜哈提·金斯汗.新疆塔城地区山楂栽培与管理技术［J］.农业工程技术，2020，40（14）：76.

［2］宋树星.“甜红”山楂高效集约栽培技术［J］.北方果树，2018（4）：29.

［3］魏敏宣.山楂无公害优质丰产栽培技术［J］.现代农村科技，2017（11）：35-36.

［4］黄闪闪.部分山楂种质资源重要果实性状的评价研究［D］.沈阳：沈阳农业大学，2017.

［5］王应照.野生甘肃山楂繁殖方法和栽培管理技术［J］.宁夏农林科技，2017，58（4）：23-24.

［6］赵瑞.山楂种质资源性状调查与分析［D］.秦皇岛：河北科技师范学院，2015.

［7］曲跃军，杜人杰，董文轩，等.山楂北方产区分布及高寒地区栽培技术［J］.安徽农业科学，2014，42（25）：8545-8546.

［8］胡建华.山楂的生物学特性及培育管理技术［J］.中国园艺文摘，2014，30（7）：190-191.

第四章　果实及种子类

图 4-4-1 酸枣植物图

一、来源▼

酸枣仁为鼠李科植物酸枣 *Ziziphus jujuba* Mill.var.*spinosa*（Bunge）Hu ex H.F.Chou 的干燥成熟种子。秋末冬初采收成熟果实，除去果肉和核壳，收集种子，晒干。《中华人民共和国药典》2020 年版（一部）收载。

二、形态特征▼

酸枣为多年生落叶小乔木，稀灌木，高达十余米。树皮褐色或灰褐色；有长枝，短枝和无芽小枝（即新枝）比长枝光滑，紫红色或灰褐色，呈之字形曲折，具 2 个托叶刺，长刺可达 3cm，粗直，短刺下弯，长 4 ～ 6mm；短枝短粗，矩状，自老枝发出；当年生小枝绿色，下垂，单生或 2 ～ 7 个簇生于短枝上。叶纸质，卵形，卵状椭圆形，或卵状矩圆形；长 3 ～ 7cm，宽 1.5 ～ 4cm，顶端钝或圆形，稀锐尖，具小尖头，基部稍不对称，近圆形，边缘具圆齿状锯齿，上面深绿色，无毛，下面浅绿色，无毛或仅沿脉多少被疏微毛，基生三出脉；叶柄长 1 ～ 6mm，或在长枝上的可达 1cm，无毛或有疏微毛；托叶刺纤细，后期常脱落。花黄绿色，两性，5 基数，无毛，具短总花梗，单生或 2 ～ 8 个密集成腋生聚伞花序；花梗长 2 ～ 3mm；萼片卵状三角形；花瓣倒卵圆形，基部有爪，与雄蕊等长；花盘厚，肉质，圆形，5 裂；子房下部藏于花盘内，与花盘合生，2 室，每室有 1 胚珠，花柱 2 半裂。核果矩圆形或长卵圆形，长 2 ～ 3.5cm，直径 1.5 ～ 2cm，成熟时红色，后变红紫色，中果皮肉质，厚，味甜，核顶端锐尖，基部锐尖或钝，2 室，具 1 或 2 种子，果梗长 2 ～ 5mm；种子扁椭圆形，长约 1cm，宽 8mm。花期 5 ～ 7 月，果期 8 ～ 9 月。

三、生物学特性▼

酸枣生长于海拔 1700m 以下的山区、丘陵、平原、野生山坡、旷野或路旁。酸枣喜温暖、干燥的环境，而低洼水涝地不宜栽培，对土质要求不严。

四、种植现状及分布▼

我国酸枣的分布区域主要集中在河北、辽宁、内蒙古、山东、山西、河南、陕西、甘肃、宁夏、新疆、江苏、安徽等地。

河北省内的酸枣栽培区域主要分布在地处太行山和燕山山脉的邢台市、邯郸市、石家庄市、保定市和承德市等地。

五、适宜性区划▼

（一）适宜性评价指标体系

1. 对温度的适宜性

最暖月最高温变化范围在 28.5℃以下时，酸枣的生境适宜度随温度的升高而增加，在 28.5℃时其生境适宜度最佳。最冷月最低温变化范围在 −25 ～ −14℃时，酸枣的生境适宜度随着温度升高而增加；温度变化范围在 −14 ～ −10℃时，酸枣的生境适宜度较高。最适宜酸枣生长的年平均温度变化范围在 10 ～ 12℃。

2. 对水分的适宜性

年平均降水量在 325 ～ 550mm 时，酸枣的生境适宜度随年均降水量的增加而增加；降水量在 550mm 时，酸枣的生境适宜度最佳。

3. 对海拔的适宜性

海拔在 0 ～ 200m 时，酸枣的生境适宜度随海拔升高而增加，海拔在 200m 时，其生境适宜度达到最大值。

4. 对酸碱度的适宜性

酸碱度在 8.8 以下时，酸枣的生境适宜度随着酸碱度的增加而增加，酸碱度在 8.8 时，酸枣的生境适宜度达到最大值。

（二）生态适宜性评价

根据环境因子及相关数据，采用 Maxent 模型预测酸枣生态适宜分布区，利用 GIS 技术将其表现出来。酸枣在河北省区域内的生态适宜区主要分布在邢台市的信都区、内丘县，石家庄市的赞皇县、井陉县，邯郸市的武安市、磁县等地；次适宜区主要分布在保定市的曲阳县、易县、满城区、涞水县，承德市的兴隆县，唐山市的迁安市，秦皇岛市的卢龙县等地。

六、价格波动▼

酸枣仁的价格在 2019 年 1 月至 2022 年 9 月整体呈上升趋势，价格从 250 元 / 千克升至 980 元 / 千克；2022 年 10 月，价格下降至 850 元 / 千克；2022 年 12 月至 2023 年 10 月，价格回升至 980 元 / 千克；2023 年 11 月至 12 月，价格再次降至 850 元 / 千克。

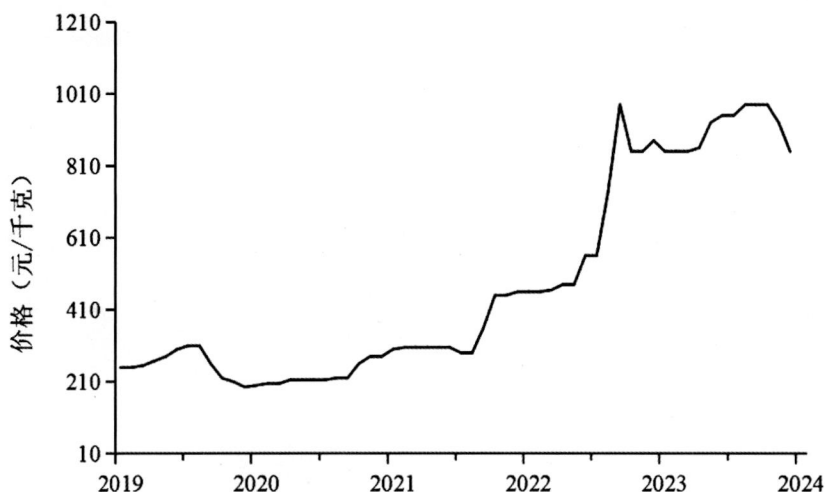

图 4-4-2　酸枣仁价格波动曲线图

参考文献

［1］孙文元.不同采收期对药用酸枣仁质量的影响研究［J］.现代农村科技，2020（12）：60.

［2］及华，王琳，张海新，等.河北省道地中药材植物——酸枣［J］.现代农村科技，2020（10）：124.

［3］孙文元，李俊英.平原区药用酸枣高效栽培技术［J］.现代农村科技，2020（4）：45–47.

［4］张建英，毛向红，张莹莹.河北省酸枣资源开发现状与建议［J］.河北林业科技，2019（3）：36–38.

［5］刘爱朋.河北省酸枣仁生态适宜性区划研究［D］.石家庄：河北中医学院，2019.

［6］杨冲，李宪松，刘孟军.酸枣的营养成分及开发利用研究进展［J］.北方园艺，2017（5）：184–188.

［7］靳智昌.酸枣优良品种邢酸13号品种特性及栽培技术［J］.现代农村科技，2014（4）：42.

图 4-5-1 桃植物图

一、来源▼

桃仁为蔷薇科植物桃 *Prunus persica*（L.）Batsch 或山桃 *Prunus davidiana*（Carr.）Franch. 的干燥成熟种子。果实成熟后采收，除去果肉和核壳，取出种子，晒干。《中华人民共和国药典》2020 年版（一部）收载。

二、形态特征▼

桃为多年生乔木，高 3 ～ 8m。树冠宽广而平展；树皮暗红褐色，老时粗糙呈鳞片状；小枝细长，无毛，有光泽，绿色，向阳处转变成红色，具大量小皮孔；冬芽圆锥形，顶端钝，外被短柔毛，常 2 ～ 3 个簇生，中间为叶芽，两侧为花芽。叶片长圆披针形、椭圆披针形或倒卵状披针形，长 7 ～ 15cm，宽 2 ～ 3.5cm，先端渐尖，基部宽楔形，上面无毛，下面在脉腋间具少数短柔毛或无毛，叶边具细锯齿或粗锯齿，齿端具腺体或无腺体；叶柄粗壮，长 1 ～ 2cm，常具 1 至数枚腺体，有时无腺体。花单生，先于叶开放，直径 2.5 ～ 3.5cm；花梗极短或几无梗；萼筒钟形，被短柔毛，稀几无毛，绿色而具红色斑点；萼片卵形至长圆形，顶端圆钝，外被短柔毛；花瓣长圆状椭圆形至宽倒卵形，粉红色，罕为白色；雄蕊 20 ～ 30，花药绯红色；花柱几与雄蕊等长或稍短；子房被短柔毛。果实形状和大小均有变异，卵形、宽椭圆形或扁圆形，直径（3)5 ～ 7(12)cm，长几与宽相等，色泽变化由淡绿白色至橙黄色，常在向阳面具红晕，外面密被短柔毛，稀无毛，腹缝明显；果梗短而深入果洼；果肉白色、浅绿白色、黄色、橙黄色或红色，多汁有香味，甜或酸甜；核大，离核或粘核，椭圆形或近圆形，两侧扁平，顶端渐尖，表面具纵、横沟纹和孔穴；种仁味苦，稀味甜。花期 3 ～ 4 月，果实成熟期因品种而异，通常为 8 ～ 9 月。

三、生物学特性▼

桃生于海拔 800 ～ 1200m 的山坡、山谷沟底或荒野疏林及灌丛中。桃喜阳光和温暖气候，在肥沃干燥的沙壤土中生长最好，在半阴处也能生长，耐寒、耐旱，怕涝，在低洼碱性土壤中生长不良。桃的幼树抗寒力弱，容易冻梢。其对土壤要求不严，贫瘠的土壤环境、荒山均可种植。桃耐修剪，寿命较短。

四、种植现状及分布▼

我国桃的分布区域主要集中在河北、山西、陕西、甘肃、山东、河南、四川、云南等地。

河北省内桃的栽培区域主要分布在衡水市的枣强县、饶阳县，保定市的定州市等地。

五、适宜性区划▼

（一）适宜性评价指标体系

1. 对温度的适宜性

最冷季平均温变化范围在 –17.5 ～ –1℃时，桃的生境适宜度随温度上升而增加；在高于 –1℃时其生境适宜度达到最大值并保持恒定。等温性在 31℃及以上时，其生境适宜度最佳。年平均温度低于 14.3℃时，其生境适宜度较高。

2. 对水分的适宜性

最暖季的降水量变化范围在 214 ～ 370mm 时，桃的生境适宜度随降水量的增加而增加，降水量在 370mm 时，桃的生境适宜度最佳；在 370 ～ 522mm 时，桃仁的生境适宜度随降水量的增加而减少。

3. 对土壤类型的适宜性

桃在松软薄层土、黏化砂性土等土壤类型下有较高的生境适宜度；艳色高活性淋溶土、钙积石膏土等土壤类型次之；而漂白砂性土则不适合桃生长；其他土壤类型对桃的生境适宜度影响不大。

4. 对植被类型的适宜性

桃在一年一熟的粮食作物、耐寒经济作物和落叶果树园，两年三熟或一年两熟的旱作和落叶果树园等植被类型下有较高的生境适宜度；在亚高山硬叶常绿阔叶灌层、温带落叶阔叶林等植被类型下次之；其他植被类型对桃仁的生境适宜度影响不大。

（二）生态适宜性评价

根据环境因子及相关数据，采用 Maxent 模型预测桃生态适宜分布区，利用 GIS 技术将其表现出来。桃在河北省区域内的适宜区主要分布在衡水市的深州市，承德市的隆化县，石家庄市的晋州市、深泽县，保定市的安国市、博野县，邯郸市的涉县等地；次适宜区在邯郸市的武安市，石家庄市的正定县、行唐县，保定市的曲阳县、唐县、顺平县，张家口市的万全区等地。

六、价格波动▼

桃仁的价格在 2019 年 1 月至 6 月稳定在 45 ～ 46 元 / 千克；2019 年 7 月至 2020 年 3 月，价格降低至 40 元 / 千克；2020 年 4 月至 2021 年 4 月，价格升至 45 元 / 千克；2021 年 6 月至 12 月，价格升至 47 元 / 千克；2022 年 1 月至 8 月，价格升至 55 元 / 千克；2022 年

10 月，价格降至 45 元 / 千克，并持续至 2023 年 4 月；2023 年 5 月至 8 月，价格持续上升至 55 元 / 千克，并持续至 2023 年末。

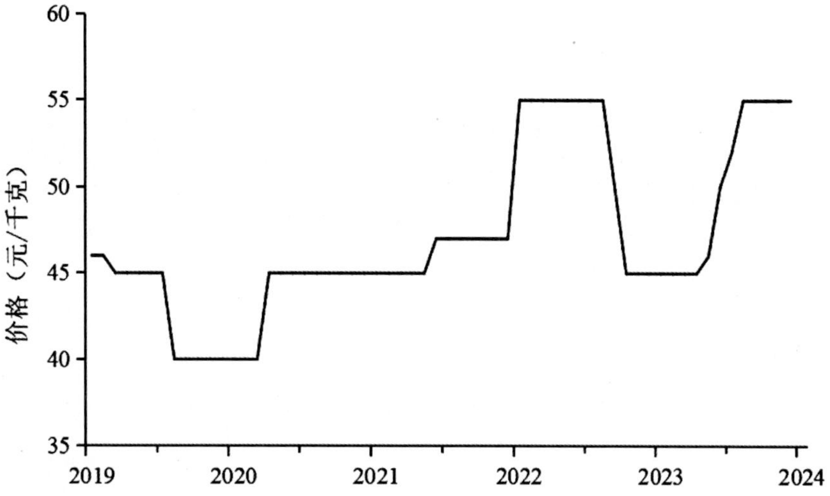

图 4-5-2 桃仁价格波动曲线图

参考文献

［1］贾光林，王珍，李家春，等 . 山桃仁产地适宜性分析［J］. 湖北农业科学，2011，50（18）：3778-3780.

［2］郭红文，何武江 . 山桃丛形大苗培育及栽培管理［J］. 中国林副特产，2018（5）：47-48.

［3］尚建力 . 山桃树种育苗造林技术分析［J］. 种子科技，2020，38（12）：59.

［4］刘屹 . 不同产地桃仁和山桃仁的微性状鉴别［J］. 智慧健康，2019，5（14）：158-159.

［5］张天天，焦倩，刘爱朋，等 . 不同产地桃仁和山桃仁的微性状鉴别［J］. 中药材，2017，40（12）：2815-2819.

Tinglizi 葶苈子

DESCURAINIAE SEMEN LEPIDII SEMEN

图 4-6-1　葶苈子植物图

一、来源▼

葶苈子为十字花科植物播娘蒿 *Descurainia sophia*（L.）Webb. ex Prantl. 或独行菜 *Lepidium apetalum* Willd. 的干燥成熟种子。前者习称"南葶苈子"，后者习称"北葶苈子"。夏季果实成熟时采割植株，晒干，搓出种子，除去杂质。《中华人民共和国药典》2020 年版（一部）收载。

二、形态特征▼

播娘蒿为一年或二年生草本。茎直立，高 5 ～ 45cm，单一或分枝，疏生叶片或无叶，但分枝茎有叶片；下部密生单毛、叉状毛和星状毛，上部渐稀至无毛。基生叶莲座状，长倒卵形，顶端稍钝，边缘有疏细齿或近于全缘；茎生叶长卵形或卵形，顶端尖，基部楔形或渐圆，边缘有细齿，无柄，上面被单毛和叉状毛，下面以星状毛为多。总状花序，有花25～90朵，密集呈伞房状，花后显著伸长，疏松，小花梗细，长5～10mm；萼片椭圆形，背面略有毛；花瓣黄色，花期后呈白色，倒楔形，长约2mm，顶端凹；雄蕊长1.8～2mm；花药短心形；雌蕊椭圆形，密生短单毛，花柱几乎不发育，柱头小。短角果长圆形或长椭圆形，长4～10mm，宽1.1～2.5mm，被短单毛；果梗长8～25mm，与果序轴呈直角开展，或近于直角向上开展。种子椭圆形，褐色，种皮有小疣。花期3～4月上旬，果期5～6月。

三、生物学特性▼

播娘蒿的植物适应性很强，对土壤和气候的选择并不严格，生在海拔为400～2000m的山坡、山沟、路旁及村庄附近，为常见的田间杂草。

四、种植现状及分布▼

我国播娘蒿的分布区域主要集中在东北地区，以及河北、内蒙古、山东、山西、甘肃、青海、云南、四川等地。

河北省内的播娘蒿栽培区域主要分布在沧州市的盐山县，邢台市的柏乡县、隆尧县，石家庄市的元氏县、深泽县等地。

五、适宜性区划▼

（一）适宜性评价指标体系

1. 对温度的适宜性

最暖月最高温在17℃以下时，播娘蒿的生境适宜度随温度的升高而减少，在17℃时其生境适宜度最佳。最冷月最低温的变化范围在-26～-8℃时，播娘蒿的生境适宜度随着温度升高而增加，在-8℃时，播娘蒿的生境适宜度较高。

2. 对水分的适宜性

年平均降水量在370～570mm时，播娘蒿的生境适宜度最高；年平均降水量在570mm以上时，其生境适宜度随着降水量的增加而减少。

3. 对海拔的适宜性

海拔在0～850m时，播娘蒿的生境适宜度随海拔上升而增加；海拔在1000m时，其生境适宜度最佳。

4. 对酸碱度的适宜性

酸碱度在 9 以下时，播娘蒿的生境适宜度随着酸碱度的增加而增加；酸碱度为 9 时，播娘蒿的生境适宜度最佳。

（二）生态适宜性评价

根据环境因子及相关数据，采用 Maxent 模型预测播娘蒿生态适宜分布区，利用 GIS 技术将其表现出来。播娘蒿在河北省区域内的生态适宜区主要分布在邯郸市的涉县、武安市，邢台市的沙河市，沧州市的黄骅市、盐山县等地；次适宜区主要分布在石家庄市的赞皇县、井陉县，张家口市的阳原县、蔚县等地。

六、价格波动▼

葶苈子的价格在 2019 年 1 月至 10 月自 5.8 元 / 千克小幅下降至 5.5 元 / 千克并保持稳定，直至 2020 年 3 月；2020 年 4 月，价格上升至 6 元 / 千克并保持稳定；2021 年 7 月至 2022 年 3 月，价格在 9 元 / 千克上下变化；2022 年 4 月，价格上升至 11 元 / 千克；2022 年 5 月，价格上升至 12 元 / 千克，而后逐渐下降；2022 年 10 月，价格回落到 9.5 元 / 千克，直至 2022 年末；2023 年 1 月至 7 月，价格波浪式上升，最高时达到 14 元 / 千克；2023 年 8 月至年末，价格下跌至 12 元 / 千克。

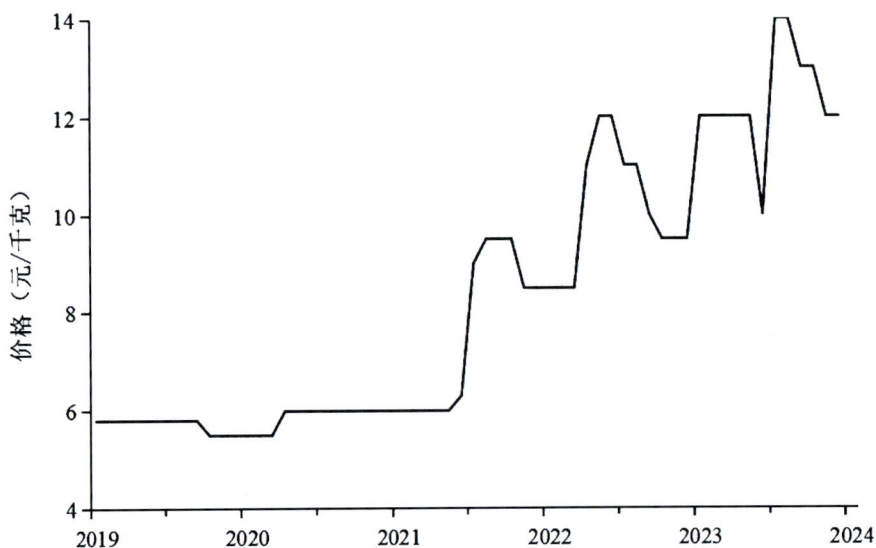

图 4-6-2 葶苈子价格波动曲线图

参考文献

［1］丁若雯，宋细忠，魏惠珍，等．基于指纹图谱技术的车前子与混伪品的鉴别研究［J］．中药新药与临床药理，2020，31（9）：1097-1103.

［2］武希桃，阙灵，丁锤，等．南北葶苈子的显微鉴别［J］．现代中药研究与实践，2018，32（2）：7-9.

［3］周喜丹．葶苈子化学成分及饮片鉴别研究［D］．北京：中国中医科学院，2015.

［4］冯志毅，王小兰，郑晓珂．葶苈子的本草考证［J］．世界科学技术 – 中医药现代化，2014，16（9）：1938-1941.

［5］韩德承．识别真假葶苈子［N］．中国中医药报，2012-07-27（005）.

［6］曹海燕，周建理，杨青山．葶苈子及其混伪品的微性状鉴别［J］．上海中医药大学学报，2012，26（4）：98-99.

(Tusizi) **菟丝子**

CUSCUTAE SEMEN

图 4-7-1 菟丝子植物图

一、来源▼

菟丝子为旋花科植物菟丝子 *Cuscuta chinensis* Lam. 或南方菟丝子 *Cuscuta australis* R.Br. 的干燥成熟种子。秋季果实成熟时采收植株，晒干，打下种子，除去杂质。《中华人民共和国药典》2020 年版（一部）收载。

二、形态特征▼

菟丝子为一年生寄生草本。茎缠绕，黄色，纤细，直径约 1mm，无叶。花序侧生，少花或多花簇生成小伞形或小团伞花序，近于无总花序梗；苞片及小苞片小，鳞片状；花梗稍粗壮，长仅 1mm 许；花萼杯状，中部以下连合，裂片三角状，长约 1.5mm，顶端钝；花冠白色，壶形，长约 3mm，裂片三角状卵形，顶端锐尖或钝，向外反折，宿存；雄蕊着生花冠裂片弯缺微下处；鳞片长圆形，边缘长流苏状；子房近球形，花柱 2，等长或不等长，柱头球形。蒴果球形，直径约 3mm，几乎全被宿存的花冠所包围，成熟时整齐周裂。种子 2 ～ 49，淡褐色，卵形，长约 1mm，表面粗糙。

南方菟丝子为一年生寄生草本。茎缠绕，金黄色，纤细，直径 1mm 左右，无叶。花序侧生，少花或多花簇生成小伞形或小团伞花序，总花序梗近无；苞片及小苞片均小，鳞片状；花梗稍粗壮，长 1 ～ 2.5mm；花萼杯状，基部连合，裂片 3 ～ 4（5），长圆形或近圆形，通常不等大，长约 0.8 ～ 1.8mm，顶端圆；花冠乳白色或淡黄色，杯状，长约 2mm，裂片卵形或长圆形，顶端圆，约与花冠管近等长，直立，宿存；雄蕊着生于花冠裂片弯缺处，比花冠裂片稍短；鳞片小，边缘短流苏状；子房扁球形，花柱 2，等长或稍不等长，柱头球形。蒴果扁球形，直径 3 ～ 4mm，下半部为宿存花冠所包，成熟时不规则开裂，不为周裂。通常有 4 种子，淡褐色，卵形，长约 1.5mm，表面粗糙。

三、生物学特性▼

菟丝子生于海拔 200 ～ 3000m 的田边、山坡阳处、路边灌丛中或海边沙丘中，通常寄生于豆科、菊科、蒺藜科等植物上。

四、种植现状及分布▼

我国菟丝子的分布区域主要集中在河北、黑龙江、吉林、辽宁、山西、陕西、宁夏、甘肃、内蒙古、新疆、山东、江苏、安徽、河南、浙江、福建、四川、云南等地。

河北省内的菟丝子栽培区域主要分布在保定市的安国市，沧州市的献县，石家庄市的赞皇县，邢台市的信都区、临城县，张家口市的宣化区等地。

五、适宜性区划▼

（一）适宜性评价指标体系

1.对温度的适宜性

昼夜温差月均值变化范围在 9.5 ～ 12.0℃时，菟丝子的生境适宜度随温度的升高而增加，昼夜温差月均值在 12.0℃时，其生境适宜度最高；昼夜温差月均值变化范围在 12.0 ～ 14.1℃时，其生境适宜度随温度升高而减少；年平均温度变化范围在 2.5 ～ 14.3℃时，其生境适宜度较高。

2.对水分的适宜性

年平均降水量在 330 ～ 395mm 时，菟丝子的生境适宜度随降水量的增加而增加，在 395mm 时达到最佳；在 395 ～ 500mm 时，其生境适宜度随降水量的增加而稍有降低；在 500mm 以上时，其生境适宜度为最小值，且保持不变。

3.对土壤类型的适宜性

菟丝子在饱和变性土、松软潜育土等土壤类型下有较高的生境适宜度；水体、人为堆积土等土壤类型次之；而石灰性冲积土、钙积高活性淋溶土等土壤类型则不适合菟丝子生长；其他土壤类型对菟丝子的生境适宜度影响不大。

4.对坡向的适宜性

坡向为平地时，菟丝子的生境适宜度最佳；坡向为东北向、东向时，菟丝子的生境适宜度次之；而坡向为东南向、北向、西向时，不适宜菟丝子的生长；其他坡向类型对菟丝子的生境适宜度影响不大。

（二）生态适宜性评价

根据环境因子及相关数据，采用 Maxent 模型预测菟丝子生态适宜分布区，利用 GIS 技术将其表现出来。菟丝子在河北省区域内的适宜区主要分布在张家口市的宣化区、万全区、逐鹿县，石家庄市的元氏县、赞皇县，秦皇岛市的抚宁区，唐山市的玉田县等地；次适宜区主要分布在张家口市的怀来县、康保县、尚义县，保定市的安国市、望都县，邢台市的内丘县、临城县等地。

六、价格波动▼

菟丝子的价格在 2019 年 1 月至 7 月从 23 元/千克波动上升至 24 元/千克，并保持稳定至 2020 年 3 月；2020 年 4 月至 10 月，价格逐渐下降至 20 元/千克；2020 年 11 月至 2021 年 8 月，价格上升至 33 元/千克；2021 年 10 月至 2022 年 5 月，价格下降至 25 元/千克；

2022年9月开始价格逐渐上升，至2023年12月，价格升至37元/千克。

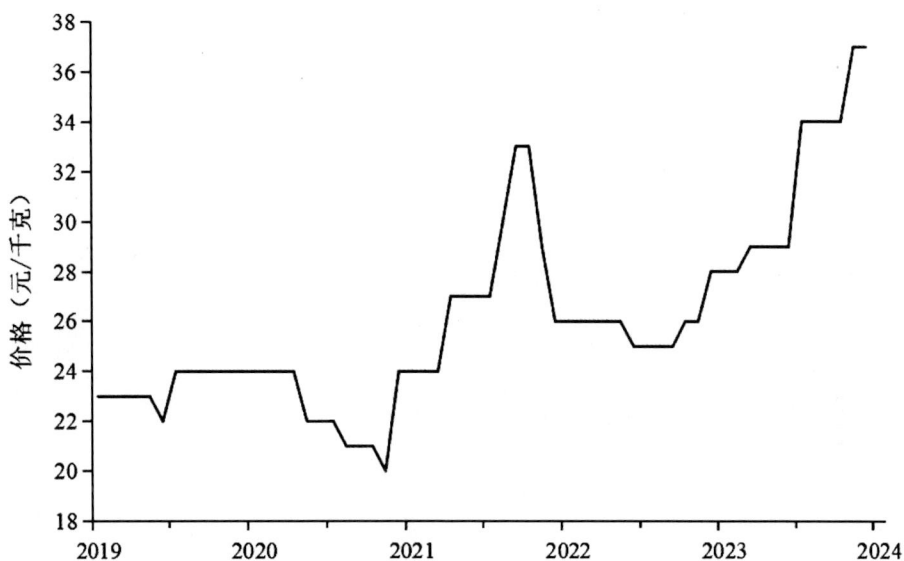

图4-7-2　菟丝子价格波动曲线图

参考文献

[1] 路俊仙，梁瑞雪，林慧彬.林慧彬教授关于菟丝子的研究成果总结 [J].
　　亚太传统医药，2018，14（12）：65-67.

[2] 罗海军，王雪芳，黄立君，等.小麦套种大豆寄生菟丝子栽培技术 [J].
　　现代农业科技，2018（13）：27.

[3] 赵明星.寄生植物菟丝子的利用价值及栽培管理 [J].生物学教学，
　　2017，42（12）：66-67.

[4] 马建平，祁翠兰，罗瑞萍，等.西瓜套种大豆寄生菟丝子栽培技术 [J].
　　宁夏农林科技，2016，57（7）：9-10.

[5] 赵志刚，罗瑞萍，姬月梅，等.中药材菟丝子形态特征及栽培效益评价
　　[J].宁夏农林科技，2015，56（10）：9-10.

[6] 王磊，邢丽芹，管仁伟，等.菟丝子质量和产量与其影响因素的相关性
　　研究 [J].中国野生植物资源，2012，31（5）：27-28.

[7] 吴志瑰，付小梅，吴蜀瑶，等.菟丝子药材品种考证、资源调查及商品
　　药材鉴定 [J].中国中药杂志，2017，42（19）：3831-3835.

图 4-8-1　麦蓝菜植物图

一、来源▼

王不留行为石竹科植物麦蓝菜 *Vaccaria segetalis*（Neck.）Garcke 的干燥成熟种子。夏季果实成熟、果皮尚未开裂时采割植株，晒干，打下种子，除去杂质，再晒干。《中华人民共和国药典》2020 年版（一部）收载。

二、形态特征▼

麦蓝菜为一年生或二年生草本，高 30 ~ 70cm。全株无毛，微被白粉，呈灰绿色。根为主根系。茎单生，直立，上部分枝。叶片卵状披针形或披针形，长 3 ~ 9cm，宽 1.5 ~ 4cm，基部圆形或近心形，微抱茎，顶端急尖，具 3 基出脉。伞房花序稀疏；花梗细，长 1 ~ 4cm；苞片披针形，着生花梗中上部；花萼卵状圆锥形，长 10 ~ 15mm，宽 5 ~ 9mm，后期微膨大呈球形，棱绿色，棱间绿白色，近膜质，萼齿小，三角形，顶端急尖，边缘膜质；雌雄蕊柄极短；花瓣淡红色，长 14 ~ 17mm，宽 2 ~ 3mm，爪狭楔形，淡绿色，瓣片狭倒卵形，斜展或平展，微凹缺，有时具不明显的缺刻；雄蕊内藏；花柱线形，微外露。蒴果宽卵形或近圆球形，长 8 ~ 10mm；种子近圆球形，直径约 2mm，红褐色至黑色。花期 5 ~ 7 月，果期 6 ~ 8 月。

三、生物学特性▼

麦蓝菜植物生于山坡、路旁及丘陵地带荒地上，尤以麦田中生长最多。

四、种植现状及分布▼

我国麦蓝菜的分布区域主要集中在河北、黑龙江、山东等地，除华南外全国各地区都有分布。

河北省内的麦蓝菜栽培区域主要分布在张家口市的康保县，邢台市的内丘县、临城县、威县，沧州市的献县，邯郸市的鸡泽县等地。

五、适宜性区划▼

（一）适宜性评价指标体系

1. 对温度的适宜性

最干季的平均温变化范围在 –18.1 ~ 18℃时，麦蓝菜的生境适宜度随温度上升而逐渐增加；温度在 18℃及以上时，其生境适宜度达到最佳并保持恒定。昼夜温差月均值变化范围在

9.6～11.0℃时，麦蓝菜的生境适宜度随昼夜温差月均值的上升而增加；昼夜温差月均值在 11.0～12.5℃时，其生境适宜度随之的上升而逐渐降低；昼夜温差月均值达到 14.1℃时，麦蓝菜的生境适宜度最佳；昼夜温差月均值高于 14.1℃时，其生境适宜度保持恒定。

2. 对水分的适宜性

最干月降水量在 1～8mm 时，麦蓝菜的生境适宜度随降水量增加而增加，在 8mm 以上时，其生境适宜度随降水量增加而减少。最湿月降水量在 87～155mm 时，其生境适宜度随降水量增加而增加；降水量高于 155mm 时，其生境适宜度达到最佳，并保持恒定。

3. 对土壤类型的适宜性

麦蓝菜在有机土、水体等土壤类型下有较高的生境适宜度；黑色石灰薄层土、钙积高活性淋溶土等土壤类型次之；其他土壤类型则对麦蓝菜生境适宜度影响不大。

4. 对植被类型的适宜性

麦蓝菜在两年三熟或一年两熟的旱作和落叶果树园，亚高山硬叶常绿阔叶灌丛等植被类型下有较高的生境适宜度；一年一熟的粮食作物、耐寒经济作物和落叶果树园，温带丛生禾草典型草原等植被类型次之；其他植被类型则对麦蓝菜的生境适宜度影响不大。

（二）生态适宜性评价

根据环境因子及相关数据，采用 Maxent 模型预测麦蓝菜生态适宜分布区，利用 GIS 技术将其表现出来。麦蓝菜在河北省区域内的适宜区主要分布在邢台市的威县、平乡县、巨鹿县，邯郸市的鸡泽县，保定市的安国市、望都县，石家庄市的藁城区、深泽县、无极县等地；次适宜区主要分布在唐山市的玉田县，张家口市的蔚县，保定市的易县、顺平县，石家庄市的平山县、赞皇县，邢台市的信都区、内丘县等地。

六、价格波动▼

王不留行的价格在 2019 年 1 月至 2020 年 12 月稳定保持在 5.5 元 / 千克；2021 年 2 月，价格上升至 11 元 / 千克；2021 年 5 月，价格下降至 10 元 / 千克；2021 年 7 月至 2022 年 5 月，价格在 10 元 / 千克及以下；2022 年 6 月，价格上升至 11 元 / 千克；2022 年 9 月，价格继续逐步上升；2023 年 9 月，价格上升至 15 元 / 千克，而后保持稳定，直至 2023 年末。

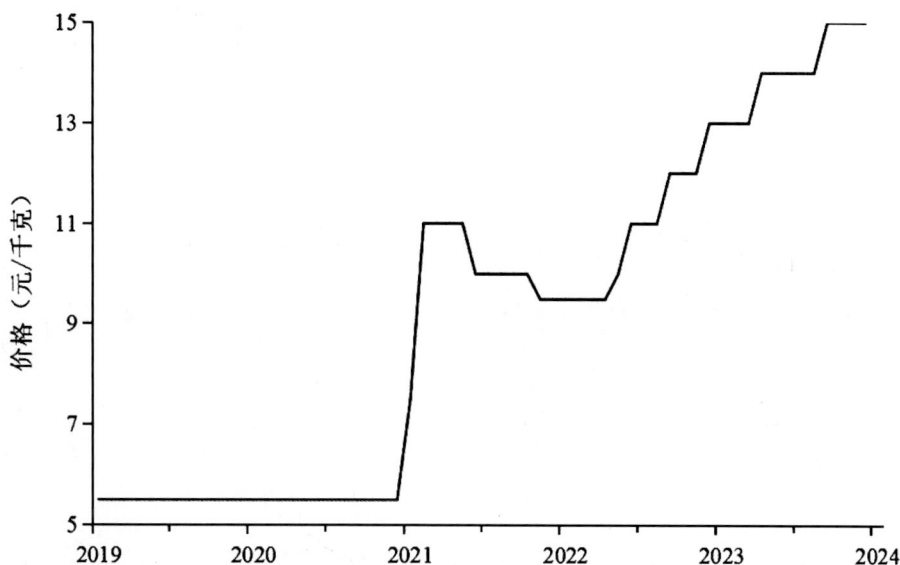

图 4-8-2　王不留行价格波动曲线图

参考文献

［1］于凤芸，张建明 . 中药材王不留行引种试验［J］. 新疆农垦科技，2018，41（8）：13-14.

［2］李宁，高钦，杨太新 . 不同种质王不留行的产量和质量研究［J］. 时珍国医国药，2017，28（10）：2521-2523.

［3］李宁 . 王不留行对氮磷钾吸收利用及密度和施肥的产量质量效应研究［D］. 保定：河北农业大学，2018.

［4］刘晓清，高钦，杨太新 . 种植密度及施肥对王不留行生长指标及干物质积累影响的研究［J］. 中药材，2016，39（11）：2437-2440.

［5］刘学东，白玉瑞 . 王不留行种植技术［J］. 农村百事通，2012（6）：44-45.

图 4-9-1　五味子植物图

一、来源▼

五味子为木兰科植物五味子 *Schisandra chinensis*（Turcz.）Baill. 的干燥成熟果实，习称"北五味子"。秋季果实成熟时采摘，晒干或蒸后晒干，除去果梗和杂质。《中华人民共和国药典》2020 年版（一部）收载。

二、形态特征▼

五味子为多年生落叶木质藤本。除幼叶背面被柔毛及芽鳞具缘毛外余无毛；幼枝红褐色，老枝灰褐色，常起皱纹，片状剥落。叶膜质，宽椭圆形、卵形、倒卵形、宽倒卵形或近圆形，长（3）5～10（14）cm，宽（2）3～5（9）cm，先端急尖，基部楔形，上部边缘具胼胝质的疏浅锯齿，近基部全缘；侧脉每边 3～7 条，网脉纤细不明显；叶柄长 1～4cm，两侧由于叶基下延成极狭的翅。雄花花梗长 5～25mm，中部以下具狭卵形、长 4～8mm 的苞片，花被片粉白色或粉红色，6～9 片，长圆形或椭圆状长圆形，长 6～11mm，宽 2～5.5mm，外面的较狭小；雄蕊长约 2mm，花药长约 1.5mm，无花丝或外 3 枚雄蕊具极短花丝，药隔凹入或稍凸出钝尖头；雄蕊仅 5（6）枚，互相靠贴，直立排列于长约 0.5mm 的柱状花托顶端，形成近倒卵圆形的雄蕊群。雌花花梗长 17～38mm，花被片和雄花相似；雌蕊群近卵圆形，长 2～4mm，心皮 17～40，子房卵圆形或卵状椭圆体形，柱头鸡冠状，下端下延成 1～3mm 的附属体。聚合果长 1.5～8.5cm，聚合果柄长 1.5～6.5cm；小浆果红色，近球形或倒卵圆形，径 6～8mm，果皮具不明显腺点；种子 1～2 粒，肾形，长 4～5mm，宽 2.5～3mm，淡褐色，种皮光滑，种脐明显凹入成 U 形。花期 5～7 月，果期 7～10 月。

三、生物学特性▼

五味子喜微酸性腐殖土。五味子的野生植株生长在山区的杂木林中、林缘或山沟的灌木丛中，缠绕在其他林木上生长。其耐旱性较差，自然条件下，在肥沃、排水好、湿度均衡适宜的土壤上发育最好。五味子生于海拔 1200～1700m 的沟谷、溪旁、山坡中。

四、种植现状及分布▼

我国五味子的分布区域主要集中在河北、黑龙江、吉林、辽宁、内蒙古、山西、宁夏、甘肃、山东等地。

河北省内的五味子栽培区域主要分布在秦皇岛市的青龙满族自治县，唐山市的丰润区、张家口市的蔚县、邯郸市的峰峰矿区等地。

五、适宜性区划▼

（一）适宜性评价指标体系

1. 对温度的适宜性

昼夜温差月均值在高于 14.1℃时，五味子的生境适宜度最佳。最冷季平均温在高于 1℃时，其生境适宜度最佳。最湿季平均温变化范围在 0 ～ 27℃时，其生境适宜度随温度的上升而增加；在 27℃及以上时，其生境适宜度达到最大值且保持恒定。

2. 对水分的适宜性

年平均降水量在 0 ～ 600mm 时，五味子的生境适宜度维持不变；年平均降水量在 600 ～ 732mm 时，其生境适宜度随降水量的增加而增加；年平均降水量达到 732mm 时，其生境适宜度最佳。

3. 对植被类型的适宜性

五味子在一年一熟的粮食作物、耐寒经济作物和落叶果树园，以及温带禾草、杂类草草甸等植被类型下有较高的生境适宜度；亚高山常绿针叶灌丛等植被类型次之；其他植被类型对五味子的生境适宜度影响不大。

4. 对坡向的适宜性

在坡向为东向和西南向时，五味子的生境适宜度最佳；坡向为南向时次之；东北和北向坡向则不适合五味子生长；其他坡向类型对五味子的生境适宜度影响不大。

（二）生态适宜性评价

根据环境因子及相关数据，采用 Maxent 模型预测五味子生态适宜分布区，利用 GIS 技术将其表现出来。五味子在河北省区域内的适宜区主要分布在张家口市的蔚县，唐山市的迁安市，邢台市的临城县、内丘县，邯郸市的磁县、肥乡区等地；次适宜区主要分布在邯郸市的峰峰矿区，石家庄市的元氏县，张家口市的怀安县、宣化区，秦皇岛市的抚宁区等地。

六、价格波动▼

五味子的价格在 2019 年 1 月为 120 元 / 千克；2019 年 7 月，价格陡升至 135 元 / 千克，而后价格逐渐下降；2019 年 12 月，价格下降至 80 元 / 千克并保持稳定；2020 年 5 月，价格上升至 85 元 / 千克，而后逐渐下降；2020 年 11 月，价格下降至 45 元 / 千克；2020 年 12 月至 2021 年 9 月，价格波动式上升，直至 80 元 / 千克，而后价格逐渐下降；2022 年 11 月，价格下降至 65 元 / 千克；2023 年 3 月，价格上升至 78 元 / 千克，而后波动式下降；2023 年末，价格回落至 65 元 / 千克。

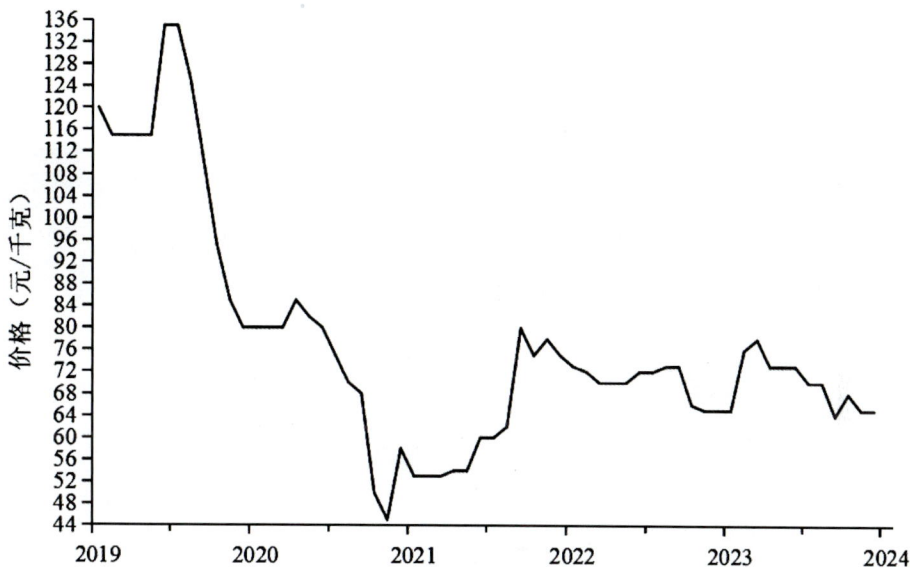

图 4-9-2　五味子价格波动曲线图

参考文献

［1］荣光琳 . 五味子人工栽植与培育［J］. 辽宁林业科技，2020（4）：77-78.

［2］费平，王冰，王储 . 北五味子繁殖及栽培技术研究［J］. 种子科技，2020，38（4）：28-29.

［3］李教社，符虎刚，刘永红 . 五味子的生药学及规范化栽培技术研究进展［J］. 现代农业科技，2019（17）：76-77.

［4］赵时泳，鹿钦祥，王丽 . 北五味子育苗和种子处理技术［J］. 农业与技术，2018，38（24）：72.

［5］苏文杰 . 北五味子丰产栽培技术［J］. 中国林副特产，2018（6）：60-61.

［6］李嘉丰，许嘉，任跃英，等 . 不同栽培年限五味子植株叶片的显微结构对比研究［J］. 人参研究，2018，30（5）：14-16.

［7］包京姗，杨世海，傅金泉 . 北五味子种质资源及栽培技术研究进展［J］. 人参研究，2017，29（4）：26-30.

Kuxingren **苦杏仁**
ARMENIACAE SEMEN AMARUM

图 4-10-1　杏植物图

一、来源▼

苦杏仁为蔷薇科植物杏 *Prunus armeniaca* L.、山杏 *Prunus armeniaca* L.var.ansu Maxim.、西伯利亚杏 *Prunus sibirica* L. 或东北杏 *Prunus mandshurica*（ Maxim. ）Koehne 的干燥成熟种子。夏季采收成熟果实，除去果肉和核壳，取出种子，晒干。《中华人民共和国药典》2020 年版（一部）收载。

二、形态特征▼

杏为多年生乔木，高 5 ～ 8（12）m。树冠圆形、扁圆形或长圆形；树皮灰褐色，纵裂；

多年生枝浅褐色，皮孔大而横生，一年生枝浅红褐色，有光泽，无毛，具多数小皮孔。叶片宽卵形或圆卵形，长 5 ～ 9cm，宽 4 ～ 8cm，先端急尖至短渐尖，基部圆形至近心形，叶边有圆钝锯齿，两面无毛或下面脉腋间具柔毛；叶柄长 2 ～ 3.5cm，无毛，基部常具 1 ～ 6 腺体。花单生，直径 2 ～ 3cm，先于叶开放；花梗短，长 1 ～ 3mm，被短柔毛；花萼紫绿色；萼筒圆筒形，外面基部被短柔毛；萼片卵形至卵状长圆形，先端急尖或圆钝，花后反折；花瓣圆形至倒卵形，白色或带红色，具短爪；雄蕊 20 ～ 45，稍短于花瓣；子房被短柔毛，花柱稍长或几与雄蕊等长，下部具柔毛。果实球形，稀倒卵形，直径在 2.5cm 以上，白色、黄色至黄红色，常具红晕，微被短柔毛；果肉多汁，成熟时不开裂；核卵形或椭圆形，两侧扁平，顶端圆钝，基部对称，稀不对称，表面稍粗糙或平滑，腹棱较圆，常稍钝，背棱较直，腹面具龙骨状棱；种仁味苦或甜。花期 3 ～ 4 月，果期 6 ～ 7 月。

山杏为多年生灌木或小乔木，高 2 ～ 5m。叶片卵形或近圆形，先端长渐尖至尾尖；花单生，先于叶开放；花萼紫红色，花后反折；花瓣近白色或粉红色；果实扁球形，黄色或橘红色，果肉较薄而干燥，成熟时开裂，味酸涩不可食。花期 3 ～ 4 月。

东北杏为多年生乔木，高 5 ～ 15m。树皮木栓质发达，深裂，暗灰色；嫩枝无毛，淡红褐色或微绿色。叶片宽卵形至宽椭圆形，长 5 ～ 12（15）cm，宽 3 ～ 6（8）cm，先端渐尖至尾尖，基部宽楔形至圆形，有时心形，叶边具不整齐的细长尖锐重锯齿，幼时两面具毛，逐渐脱落，老时仅下面脉腋间具柔毛；叶柄长 1.5 ～ 3cm，常有 2 腺体。花单生，直径 2 ～ 3cm，先于叶开放；花梗长 7 ～ 10cm，无毛或幼时疏生短柔毛；花萼带红褐色，常无毛；萼筒钟形；萼片长圆形或椭圆状长圆形，先端圆钝或急尖，边常具不明显细小锯齿；花瓣宽倒卵形或近圆形，粉红色或白色；雄蕊多数，与花瓣近等长或稍长；子房密被柔毛。果实近球形，直径 1.5 ～ 2.6cm，黄色，有时向阳处具红晕或红点，被短柔毛；果肉稍肉质或干燥，味酸或稍苦涩，果实大的类型可食，有香味；核近球形或宽椭圆形，长 13 ～ 18cm，宽 11 ～ 18cm，两侧扁，顶端圆钝或微尖，基部近对称，表面微具皱纹，腹棱钝，侧棱不发育，具浅纵沟，背棱近圆形；种仁味苦，稀甜。花期 4 月，果期 5 ～ 7 月。

三、生物学特性▼

杏的适应性强，耐旱、耐寒、耐瘠薄、抗盐碱，夏季在 43.9℃高温下能生长正常，冬季 -40℃低温亦可安全越冬。其可栽种于平地或坡地，对土壤要求不严。

四、种植现状及分布▼

我国杏的分布区域主要集中在东北、华北，以及甘肃等地。

河北省内的杏栽培区域主要分布在承德市的承德县、平泉市，张家口市的沽源县，邢台市的威县，秦皇岛市的昌黎县等地。

五、适宜性区划▼

（一）适宜性评价指标体系

1. 对温度的适宜性

年平均温度的变化范围在 –0.8 ～ 8℃时，杏的生境适宜度随温度的上升而增加；年平均温度在高于 8℃时，其生境适宜度最佳且保持恒定。最湿季平均温度在高于 27℃时，其生境适宜度基本保持恒定。

2. 对水分的适宜性

最湿月降水量在 87 ～ 252mm 时，杏的生境适宜度随降水量的增加而减少；低于 87mm 时，其生境适宜度保持恒定。最干月降水量在 1 ～ 8mm 时，其生境适宜度随降水量的增加而减少；高于 8mm 时，其生境适宜度为最小值，且保持不变。

3. 对土壤类型的适宜性

杏在黑色石灰薄层土、潜育高活性淋溶土等土壤类型下有较高的生境适宜度；钙积高活性淋溶土、石灰性冲积土等土壤类型次之；其他土壤类型对杏的生境适宜度影响不大。

4. 对植被类型的适宜性

杏在一年一熟的粮食作物、耐寒经济作物和落叶果树园，温带落叶灌丛等植被类型下有较高的生境适宜度；两年三熟或一年两熟的旱作或落叶果树园等植被类型次之；其他植被类型对杏的生境适宜度影响不大。

（二）生态适宜性评价

根据环境因子及相关数据，采用 Maxent 模型预测杏生态适宜分布区，利用 GIS 技术将其表现出来。杏在河北省区域内的适宜区主要分布在承德市的承德县，张家口市的蔚县、阳原县，保定市的安国市、蠡县等地；次适宜区分布在张家口市的崇礼区、赤城县，承德市的隆化县，衡水市的冀州区、深州市，石家庄市的元氏县、赞皇县，邢台市的临城县等地。

六、价格波动▼

苦杏仁的价格在 2019 年 1 月至 3 月上升至 34 元 / 千克并保持稳定；2019 年 4 月至 11 月，价格从 34 元 / 千克逐渐下降至 25 元 / 千克，而后价格开始上升；2020 年 3 月，价格上升至 33 元 / 千克；2020 年 4 月至 8 月，价格下降至 26 元 / 千克；2020 年 9 月至 12 月，价格升至 30 元 / 千克；2021 年 1 月至 2022 年 3 月，价格上升至 34 元 / 千克；2022 年 4 月起，价格逐渐下降；2022年12月，价格为24元/千克，而后价格逐步上升；2023年9月，价格上升至40元/千克；2023年12月，价格下降至37元/千克。

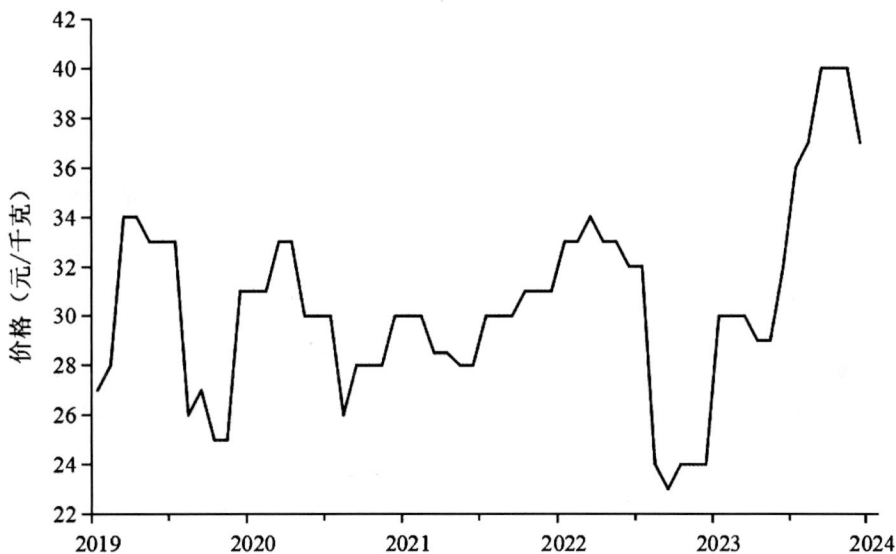

图4-10-2　苦杏仁价格波动曲线图

参考文献

［1］李臻.山杏的生态学特性及开发利用［J］.内蒙古林业调查设计，2016，39（1）：69-70.

［2］张清安，姚建莉.苦杏仁资源加工与综合利用研究进展［J］.中国农业科学，2019，52（19）：3430-3447.

［3］王璐.山杏的繁殖与栽培技术［J］.农业与技术，2018，38（14）：221.

［4］宋振洲，李莉.仁用杏优质丰产栽培技术［J］.河北果树，2017（1）：24-27.

［5］蔡静.杏树种植关键技术与病虫害的防治研究［J］.种子科技，2020，38（17）：83-84.

［6］武彩萍，张军.仁用杏栽培管理与利用［J］.现代园艺，2015（4）：37-39.

图 4-11-1 薏米植物图

一、来源▼

薏苡仁为禾本科植物薏米 *Coix lacryma-jobi* L.var.*mayuen*（Roman.）Stapf 的干燥成熟种仁。秋季果实成熟时采割植株，晒干，打下果实，再晒干，除去外壳、黄褐色种皮和杂质，收集种仁。《中华人民共和国药典》2020 年版（一部）收载。

二、形态特征▼

薏米为一年生草本。秆高 1～1.5m，具 6～10 节，多分枝。叶片宽大开展，无毛。总状花序腋生，雄花序位于雌花序上部，具 5～6 对雄小穗。雌小穗位于花序下部，为甲壳质的总苞所包；总苞椭圆形，先端成颈状之喙，并具一斜口，基部短收缩，长 8～12mm，宽 4～7mm，有纵长直条纹，质地较薄，揉搓和手指按压可破，暗褐色或浅棕色。颖果大，长圆形，长 5～8mm，宽 4～6mm，厚 3～4mm，腹面具宽沟，基部有棕色种脐，质地粉性坚实，白色或黄白色。雄小穗长约 9mm，宽约 5mm；雄蕊 3 枚，花药长 3～4mm。花果期 7～12 月。

三、生物学特性▼

薏米的植物大部分生于山区低洼地带，喜温暖气候，需要较强的直射光照，在日照百分率 60 以上、气温 18～35℃的环境下生长旺盛，特别是在始花期后，如光照充足，生物生长达到峰值。在生产过程中应保证其具备充足的水分，水分适宜可达到显著增产的效果。其对土壤的要求不严，在各类土壤上均可种植，耐性强；忌连作，也不宜与禾本科作物轮作。

四、种植现状及分布▼

我国薏米的分布区域主要集中在湖北、河北、湖南、江苏、福建、贵州等地。

河北省内的薏米栽培区域主要分布在保定市的安国市、阜平县，沧州市的任丘市，秦皇岛市的抚宁区等地。

五、适宜性区划▼

（一）适宜性评价指标体系

1. 对温度的适宜性

最暖月的最高温变化范围在 32～33.5℃时，薏米的生境适宜度随温度的升高而增加，在 33.5℃时达到最大值。薏米的生境适宜度不随最冷月最低温的变化而变化。

2. 对水分的适宜性

年平均降水量在 318 ～ 465mm 时，薏米的生境适宜度随年平均降水量的增加而减少；降水量在 466mm 时，薏米的生境适宜度达到最小值，并在 466 ～ 654mm 保持稳定；降水量在 655 ～ 746mm 时，其生境适宜度随降水量升高逐渐上升，到 746mm 时保持稳定。

3. 对海拔的适宜性

海拔在 0 ～ 50m 时，薏米的生境适宜度随海拔升高而增加；在 50 ～ 100m 时，薏米的生境适宜度骤降；在 100m 以上时，其生境适宜度保持稳定。

4. 对酸碱度的适宜性

当酸碱度为 7 时，薏米的生境适宜度最高；当酸碱度为 7 ～ 8.7 时，其生境适宜度随酸碱度的升高而减少，当酸碱度大于 8.7 时，其生境适宜度达到最小值。

（二）生态适宜性评价

根据环境因子及相关数据，采用 Maxent 模型预测薏米生态适宜分布区，利用 GIS 技术将其表现出来。薏米在河北省区域内的生态适宜区主要分布在保定市的安国市，邢台市的隆尧县，邯郸市的鸡泽县、永年区等地；次适宜区主要分布在邢台市的巨鹿县、任泽区，石家庄市的晋州市，辛集市等地。

六、价格波动▼

薏苡仁的价格在 2019 年 1 月至 12 月上升至 19 元 / 千克并保持稳定；2021 年 7 月，价格下降至 10.5 元 / 千克；2021 年 8 月至 2023 年 5 月，价格在 11.5 元 / 千克上下波动；2023 年 6 月至 12 月，价格在 12 ～ 13 元 / 千克波动。

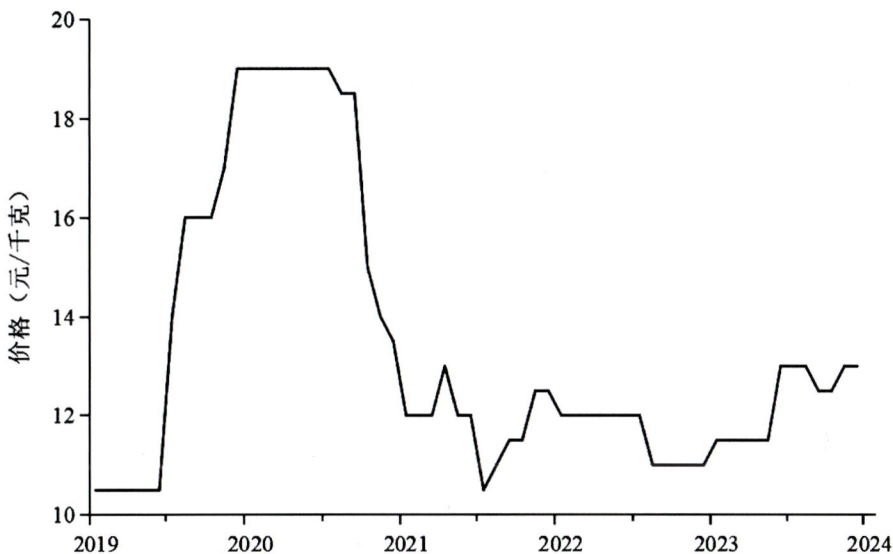

图 4-11-2　薏苡仁价格波动曲线图

参考文献

[1] 邱国富.浦薏6号薏米仁提纯复壮及高产栽培技术［J］.中国农技推广，
    2019，35（12）：53-54.

[2] 孙元鹏，孙燕玲，吴喆，等.药食两用薏苡区域化与高质量发展的现状
    与策略［J］.贵州农业科学，2019，47（10）：129-134.

[3] 李松.薏米仁高产栽培关键技术［J］.现代农业，2018（12）：9.

[4] 杨红杏，张焕芝，张燕.中药材薏苡仁栽培管理技术［J］.河北农业，
    2016（3）：21-23.

[5] 郭帮莉.薏仁米的种植效益及栽培技术［J］.农技服务，2014，31（12）：
    47.

[6] 夏法刚.薏苡种质资源遗传多样性及药食品质研究［D］.福州：福建农
    林大学，2013.

[7] 沈宇峰，沈晓霞，俞旭平，等.薏苡新品种"浙薏1号"的特征及栽培
    技术［J］.时珍国医国药，2013，24（3）：738-739.

第五章

全草类

图 5-1-1　艾植物图

一、来源▼

艾叶为菊科植物艾 *Artemisia argyi* Lévl.et Vant. 的干燥叶。夏季花未开时采摘，除去杂质，晒干。《中华人民共和国药典》2020 年版（一部）收载。

二、形态特征▼

艾为多年生草本或略成半灌木状，植株有浓烈香气。主根明显，略粗长，直径达 1.5cm，侧根多；常有横卧地下的根状茎及营养枝。茎单生或少数，高 80～150（～250）cm，有明显纵棱，褐色或灰黄褐色，基部稍木质化，上部草质，并有少数短的分枝，枝长 3～5cm；茎、枝均被灰色蛛丝状柔毛。叶厚纸质，上面被灰白色短柔毛，并有白色腺点与小凹点，背面密被灰白色蛛丝状密茸毛；基生叶具长柄，花期萎谢；茎下部叶近圆形或宽卵形，羽状深裂，每侧具裂片 2～3 枚，裂片椭圆形或倒卵状长椭圆形，每裂片有 2～3 枚小裂齿，干后背面主、侧脉多为深褐色或锈色，叶柄长 0.5～0.8cm；中部叶卵形、三角状卵形或近菱形，长 5～8cm，宽 4～7cm，一（至二）回羽状深裂至半裂，每侧裂片 2～3 枚，裂片卵形、卵状披针形或披针形，长 2.5～5cm，宽 1.5～2cm，不再分裂或每侧有 1～2 枚缺齿，叶基部宽楔形渐狭成短柄，叶脉明显，在背面凸起，干时锈色，叶柄长 0.2～0.5cm，基部通常无假托叶或极小的假托叶；上部叶与苞片叶羽状半裂、浅裂、3 深裂、3 浅裂，或不分裂，而为椭圆形、长椭圆状披针形、披针形或线状披针形。头状花序椭圆形，直径 2.5～3（～3.5）mm，无梗或近无梗，每数枚至十余枚在分枝上排成小型的穗状花序或复穗状花序，并在茎上通常再组成狭窄、尖塔形的圆锥花序，花后头状花序下倾；总苞片 3～4 层，覆瓦状排列，外层总苞片小，草质，卵形或狭卵形，背面密被灰白色蛛丝状绵毛，边缘膜质，中层总苞片较外层长，长卵形，背面被蛛丝状绵毛，内层总苞片质薄，背面近无毛；花序托小；雌花 6～10 朵，花冠狭管状，檐部具 2 裂齿，紫色，花柱细长，伸出花冠外甚长，先端 2 叉；两性花 8～12 朵，花冠管状或高脚杯状，外面有腺点，檐部紫色，花药狭线形，先端附属物尖，长三角形，基部有不明显的小尖头，花柱与花冠近等长或略长于花冠，先端 2 叉，花后向外弯曲，叉端截形，并有睫毛。瘦果长卵形或长圆形。花果期 7～10 月。

三、生物学特性▼

艾生于低海拔至中海拔地区的荒地、路旁、河边及山坡等处，也见于森林草原及草原地区，局部地区为植物群落的优势种。艾极易繁衍生长，对气候和土壤的适应性较强，耐寒耐旱，喜温暖、湿润的气候，以潮湿肥沃的土壤生长较好。人工栽培的艾常生长在丘陵和低海拔的山地区。

四、种植现状及分布▼

我国艾的分布区域主要集中在辽宁、内蒙古、河北、山西、陕西、甘肃、山东、江苏、安徽、江西、福建、台湾等地。

河北省内的艾栽培区域主要分布在邯郸市的馆陶县，保定市的安国市、涞源县，邢台市的隆尧县，唐山市的迁西县等地。

五、适宜性区划▼

（一）适宜性评价指标体系

1. 对温度的适宜性

最冷季的平均温在 0℃以上时，艾的生境适宜度较高。最暖月最高温在高于 33℃时，其生境适宜度最高。最冷月最低温在 –17℃以上时，艾的生境适宜度较高。年平均温度在 12～13℃时，其生境适宜度随温度升高而增加，在高于 13℃后达到最高且保持恒定。

2. 对水分的适宜性

年平均降水量在 310～540mm 时，艾的生境适宜度随降水量的升高而减少；在 540mm 时，其生境适宜度达到最小值；在 540～760mm 时，其生境适宜度随降水量升高而增加；在高于 760mm 时，其生境适宜度最高且保持恒定。

3. 对植被类型的适宜性

艾在温带禾草、杂类草盐生草甸，两年三熟或一年两熟的旱作和落叶果树园等植被类型下有较高的生境适宜度；一年一熟的粮食作物及耐寒经济作物等植被类型次之；其他植被类型对其生境适宜度影响不大；一年一熟的粮食作物、耐寒经济作物和落叶果树园等植被类型则不适合其生长。

4. 对土壤类型的适宜性

艾在简化钙积土、简育砂性土等土壤类型下有较高的生境适宜度；简育灰色土、钙积潜育土次之；其他土壤类型对其生境适宜度影响不大。

（二）生态适宜性评价

根据环境因子及相关数据，采用 Maxent 模型预测艾生态适宜分布区，利用 GIS 技术将其表现出来。艾在河北省区域内的适宜区主要分布在邯郸市的临漳县、魏县，保定市的涞源县、安国市，秦皇岛市的昌黎县等地；次适宜区主要分布在张家口市的赤城县、崇礼区，唐山市的南部地区等地。

六、价格波动▼

艾叶的价格从2019年1月至2020年3月，自7元/千克波动式上升至8元/千克；2020年7月，价格下降至7元/千克；2020年8月至2021年6月，价格稳定在7元/千克；2021年7月至2023年12月，价格上升至10元/千克并保持稳定。

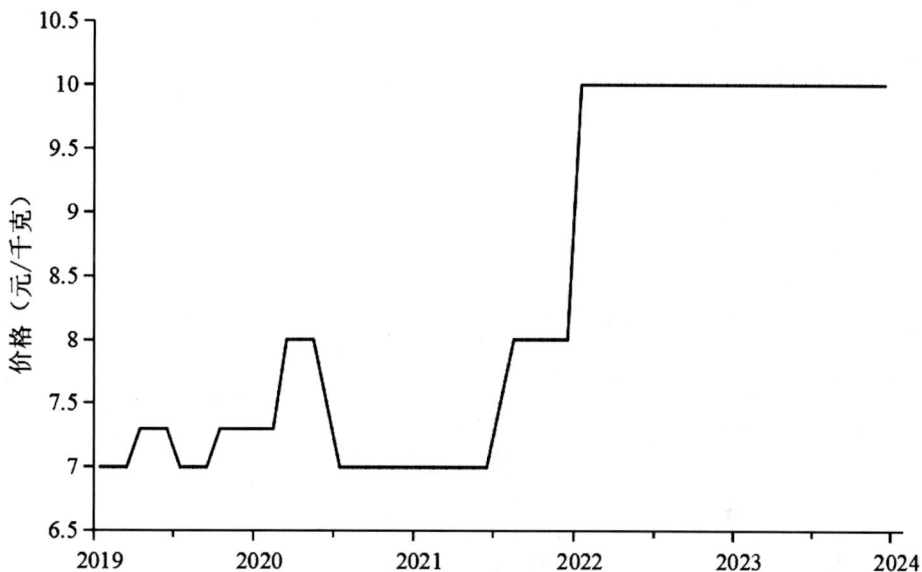

图 5-1-2　艾叶价格波动曲线图

参考文献

［1］徐燃，周丽艳，万定荣，等.艾草全球生态适宜区与生态特征研究［J］.中华中医药杂志，2020，35（7）：3686-3689.

［2］马琳，陈昌婕，康利平，等.不同种植密度、叶位与叶龄对蕲艾产量和品质的影响［J］.中国中药杂志，2020，45（17）：4031-4040.

［3］张元，康利平，郭兰萍，等.艾叶的本草考证和应用研究进展［J］.上海针灸杂志，2017，36（3）：245-255.

［4］万定荣，武娟，蒲锐，等.艾叶的鉴定、品质与国际标准研究概况［J］.中南民族大学学报（自然科学版），2020，39（4）：362-369.

［5］王惠君，王文泉，卢诚，等.艾叶研究进展概述［J］.江苏农业科学，2015，43（8）：15-19.

图 5-2-1　蓟植物图

一、来源▼

大蓟为菊科植物蓟 *Cirsium japonicum* Fisch.ex DC. 的干燥地上部分。夏、秋二季花开时采割地上部分，除去杂质，晒干。《中华人民共和国药典》2020 年版（一部）收载。

二、形态特征▼

蓟为多年生草本，块根纺锤状或萝卜状，直径达 7mm。茎直立，30（100）～ 80（150）

cm，分枝或不分枝，全部茎枝有条棱，被稠密或稀疏的多细胞长节毛，接头状花序下部灰白色，被稠密茸毛及多细胞节毛。基生叶较大，全形卵形、长倒卵形、椭圆形或长椭圆形，长8～20cm，宽2.5～8cm，羽状深裂或几全裂，基部渐狭成短或长翼柄，柄翼边缘有针刺及刺齿；侧裂片6～12对，中部侧裂片较大，向上及向下的侧裂片渐小，全部侧裂片排列稀疏或紧密，卵状披针形、半椭圆形、斜三角形、长三角形或三角状披针形，宽狭变化极大，宽达3cm或狭至0.5cm，边缘有稀疏大小不等小锯齿，或锯齿较大而使整个叶片呈现较为明显的二回状分裂状态，齿顶针刺长可达6mm，短可至2mm，齿缘针刺小而密或几无针刺；顶裂片披针形或长三角形。自基部向上的叶渐小，与基生叶同形并等样分裂，但无柄，基部扩大半抱茎。全部茎叶两面同色，绿色，两面沿脉有稀疏的多细胞长或短节毛或几无毛。头状花序直立，少有下垂的，少数生茎端而花序极短，不呈明显的花序式排列，少有头状花序单生茎端的。总苞钟状，直径3cm。总苞片约6层，覆瓦状排列，向内层渐长，外层与中层卵状三角形至长三角形，长0.8～1.3cm，宽3～3.5mm，顶端长渐尖，有长1～2mm的针刺；内层披针形或线状披针形，长1.5～2cm，宽2～3mm，顶端渐尖呈软针刺状。全部苞片外面有微糙毛并沿中肋有黏腺。瘦果压扁，偏斜楔状倒披针状，长4mm，宽2.5mm，顶端斜截形。小花红色或紫色，长2.1cm，檐部长1.2cm，不等5浅裂，细管部长9mm。冠毛浅褐色，多层，基部联合成环，整体脱落；冠毛刚毛长羽毛状，长达2cm，内层向顶端纺锤状扩大或渐细。花果期4～11月。

三、生物学特性▼

蓟喜冷凉湿润的气候，喜土质肥沃、土层深厚的壤质砂土，生于海拔400～2100m的山坡林、林缘、灌丛、草地、荒地、田间、路旁或溪旁。

四、种植现状及分布▼

我国蓟的分布区域主要集中在河北、山东、陕西、江苏、浙江、江西、湖南、湖北、四川、贵州、云南、广西、广东、福建和台湾等地。

河北省内的蓟栽培区域主要分布在保定市的安国市、阜平县，承德市的隆化县等地。

五、适宜性区划▼

（一）适宜性评价指标体系

1. 对温度的适宜性

最暖季平均温为23.5℃时，蓟的生境适宜度达到最大值，随着温度的升高，其生境适宜度逐渐降低，直至 27.5℃时其生境适宜度达到最小值，而后保持稳定。最冷月平均温变化范围在 –17.5 ～ –4℃时，蓟的生境适宜度随着温度升高而增加；在 –4℃时，蓟的生境适宜度较高；在 –4℃以上时，随着温度的增加，其生境适宜度逐渐减少。适宜蓟生长的年平均温度在 10℃左右。

2. 对水分的适宜性

年平均降水量为 325 ～ 420mm 时，蓟的生境适宜度随年均降水量的升高而增加，在 420mm 时达到最佳；降水量在 420mm 以上时，随着降水量的增加，其生境适宜度逐渐降低。

3. 对植被类型的适宜性

蓟在温带丛生禾草典型草原，寒温带、温带沼泽中生境适宜度较好；两年三熟或一年两熟的旱作和落叶果树园不适宜蓟的生长。

4. 对土壤质地的适宜性

蓟在壤土土壤中生长时生境适宜度较高；壤砂土次之；其余土壤质地不适宜蓟生长。

（二）生态适宜性评价

根据环境因子及相关数据，采用 Maxent 模型预测蓟生态适宜分布区，利用 GIS 技术将其表现出来。蓟在河北省区域内的生态适宜区主要分布在石家庄市的鹿泉区、赞皇县、井陉县，邢台市的临城县、信都区，邯郸市的涉县等地；次适宜区主要分布在张家口市的宣化区，唐山市的迁安市，秦皇岛市的北戴河区等地。

六、价格波动▼

大蓟的价格在 2019 年 1 月至 2021 年 7 月稳定在 2.5 元 / 千克；2021 年 9 月至 2023 年 12 月，价格稳定在 3.5 元 / 千克。

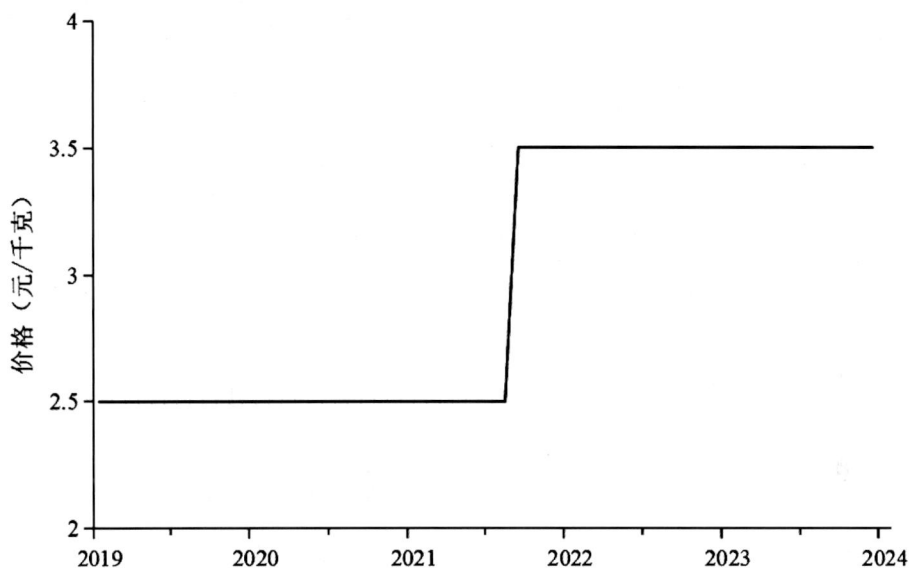

图 5-2-2　大蓟价格波动曲线图

参考文献

［1］聂柏玲.冀北地区大蓟人工栽培技术及观赏效益［J］.特种经济动植物，2019，22（8）：33.

［2］钟爱清，罗辉.药用大蓟栽培技术［J］.福建农业科技，2017（4）：33-34.

［3］吴蜀星，李治昊，宋良科，等.大蓟的基源调查与鉴定［J］.现代中药研究与实践，2013，27（1）：21-23.

［4］陈雁，万定荣，等.湖北省大别山地区野生菊科药用植物资源调查［J］.时珍国医国药，2008（9）：2203-2205.

［5］金延明，李胜华，楼之岑，等.中药大蓟和小蓟植物资源调查［J］.中国中药杂志，1994（12）：710-711.

冬凌草 Donglingcao

RABDOSIAE RUBESCENTIS HERBA

一、来源▼

冬凌草为唇形科植物碎米桠 *Rabdosia rubescens*（Hemsl.）Hara 的干燥地上部分。夏、秋二季茎叶茂盛时采割，晒干。《中华人民共和国药典》2020 年版（一部）收载。

二、形态特征▼

碎米桠为小灌木，高（0.3）0.5～1（1.2）m。根茎木质，有长纤维状须根。茎直立，多数，基部近圆柱形，灰褐色或褐色，无毛，皮层纵向剥落，上部多分枝，分枝具花序，茎上部及分枝均四棱形，具条纹，褐色或带紫红色，密被小疏柔毛，幼枝极密被茸毛，带紫红色。茎叶对生，卵圆形或菱状卵圆形，长 2～6cm，宽 1.3～3cm，先端锐尖或渐尖，或顶端一齿较长，基部宽楔形，骤然渐狭下延成假翅，边缘具粗圆齿状锯齿，齿尖具胼胝体，膜质至坚纸质，上面榄绿色，疏被小疏柔毛及腺点，有时近无毛，下面淡绿色，密被灰白色短茸毛至近无毛，侧脉 3～4 对，两面十分明显，脉纹常带紫红色；叶柄连具翅假柄在内长 1～3.5cm，向茎、枝顶部渐变短。聚伞花序 3～5 花，最下部者有时多至 7 花，具长 2～5mm 的总梗，在茎及分枝顶上排列成长 6～15cm 狭圆锥花序，总梗与长 2～5mm 的花梗及序轴密被微柔毛，但常带紫红色；苞叶菱形或菱状卵圆形至披针形，向上渐变小，在圆锥花序下部者明显长于聚伞花序，在上部者则往往短于聚伞花序很多，先端急尖，基部宽楔形，边缘具疏齿至近全缘，具短柄至近无柄，小苞片钻状线形或线形，长达 1.5mm，被微柔毛。花萼钟形，长 2.5～3mm，外密被灰色微柔毛及腺点，明显带紫红色，内面无毛，10 脉，萼齿 5，微呈 3/2 式二唇形，齿均卵圆状三角形，近钝尖，约占花萼长之半，上唇 3 齿，中齿略小，下唇 2 齿稍大而平伸，果时花萼增大，管状钟形，略弯曲，长 4～5mm，脉纹明显。花冠长约 7mm，有时达 12mm，但也有雄蕊退化的花冠变小，长仅 5mm，外疏被微柔毛及腺点，内面无毛，冠筒长 3.5～5mm，基部上方浅囊状突起，至喉部直径 2～2.5mm，冠檐二唇形，上唇长 2.5～4mm，外反，先端具 4 圆齿，下唇宽卵圆形，长 3.5～7mm，内凹。雄蕊 4，略伸出，或有时雄蕊退化而内藏，花丝扁平，中部以下具髯毛。花柱丝状，伸出，先端相等 2 浅裂。花盘环状。小坚果倒卵状三棱形，长 1.3mm，淡褐色，无毛。花期 7～10

月，果期 8 ～ 11 月。

三、生物学特性▼

碎米桠属阳性耐阴植物，略喜阴；抗寒性强，萌发力强；耐干旱、瘠薄，即使夏季土壤含水量低于 4%，仍能够生长；适应性强，对土壤要求不严。碎米桠在 pH6.5 ～ 8.0、土层深厚、土壤肥沃的砂质壤土中生长最佳。

四、种植现状及分布▼

我国碎米桠的分布区域主要集中在河北、湖北、四川、贵州、广西、陕西、甘肃、山西、河南、浙江、安徽、江西及湖南等地。

河北省内的碎米桠栽培区域主要分布在石家庄市的行唐县、新乐市，保定市的曲阳县、安国市，承德市的承德县。

五、适宜性区划▼

（一）适宜性评价指标体系

1. 对温度的适宜性

最暖季平均温变化范围在 0 ～ 25℃时，随着温度的升高，碎米桠的生境适宜度逐渐增加，并于 25℃时达到最佳；在 25℃以上时，其生境适宜度随温度升高而减少，直至 27℃达到最小值，而后保持稳定。最冷季平均温变化范围在 -18 ～ -3℃时，碎米桠的生境适宜度随温度的升高而增加，并于 -3℃时达到最佳；在 -3℃以上时，随着温度升高，碎米桠的生境适宜度逐渐减少。适宜冬凌草生长的年平均温度为 12℃左右。

2. 对水分的适宜性

年平均降水量在 570 ～ 750mm 时，随着降水量的增加，碎米桠的生境适宜度逐渐减少，并于 750mm 达到最小值，而后降水量增长但其生境适宜度仍稳定在同一水平。

3. 对土壤质地的适宜性

土壤质地为壤土、砂土时，碎米桠的生境适宜度较高；沙壤土则不适合其生长；其他土壤质地对碎米桠的生境适宜度无较大影响。

4. 对植被类型的适宜性

在一年一熟的短生育期耐寒作物、温带落叶阔叶林植被类型下，碎米桠有较高的生境适宜度；寒温带、温带沼泽植被类型次之；其他植被类型对碎米桠的生境适宜度没有较大影响。

（二）生态适宜性评价

根据环境因子及相关数据，采用 Maxent 模型预测碎米桠生态适宜分布区，利用 GIS 技术将其表现出来。碎米桠在河北省区域内的适宜区主要分布在石家庄市的行唐县、新乐市，保定市的曲阳县、安国市，承德市的承德县、滦平县，张家口市的宣化区、涿鹿县等地；次适宜区主要分布在沧州市的河间市、献县，张家口市的蔚县、沽源县，邢台市的信都区等地。

六、价格波动▼

冬凌草的价格在 2019 年 1 月至 4 月由 7 元 / 千克下降至 6.5 元 / 千克，而后保持稳定；2023 年 2 月，价格陡升至 15 元 / 千克，而后价格逐渐上升；2023 年 4 月，价格上升至 17 元 / 千克，并保持至 2023 年末。

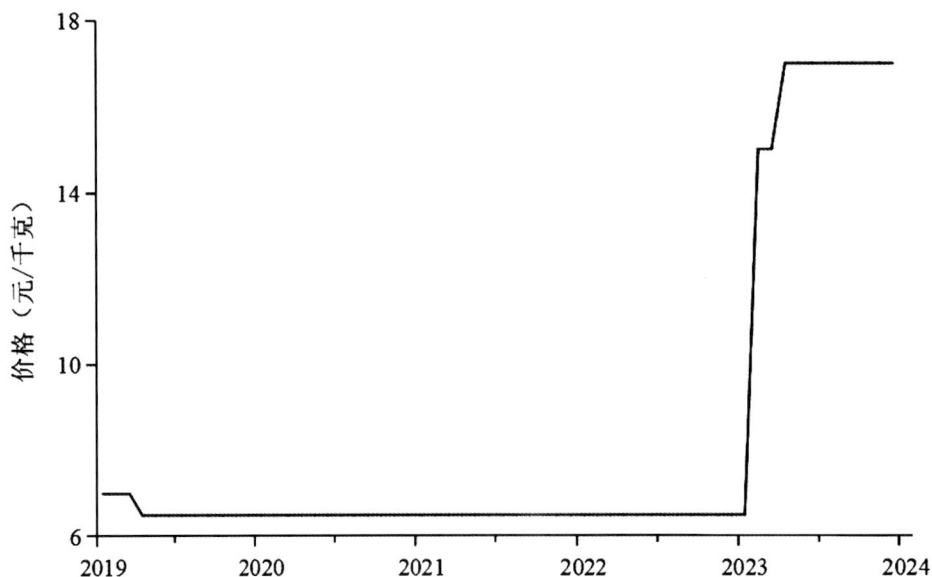

图 5-3-1　冬凌草价格波动曲线图

参考文献

［1］张婉君，樊东升，钱广涛，等．冬凌草、溪黄草无公害栽培技术探讨［J］．世界科学技术 – 中医药现代化，2018，20（11）：2067–2074.

［2］原维梓．冬凌草产业发展现状与前景分析［J］．基层农技推广，2017，5（3）：92–93.

［3］陈随清，尹磊，宋君，等.不同产地冬凌草种质资源分子生物学分析
　　　［J］.亚太传统医药，2016，12（16）：5-9.

［4］丁鑫，沈植国，焦书道，等.林下冬凌草栽培技术规程［J］.河南林业
　　　科技，2015，35（4）：50-51.

［5］王丽芳，付正良，孔增科，等.冀南太行山区野生冬凌草的分布与应用
　　　现状［J］.河北中医，2014，36（9）：1376-1377.

［6］娄玉霞，董诚明，乔毅琳.不同产地冬凌草生态特征比较［J］.中医学
　　　报，2013，28（10）：1506-1507.

［7］张建鹏，尚霄丽，付向凌.冬凌草及其高效栽培管理技术［J］.现代园
　　　艺，2013（19）：26-27.

图 5-4-1　荆芥植物图

一、来源▼

荆芥为唇形科植物荆芥 *Schizonepeta tenuifolia* Briq. 的干燥地上部分。夏、秋二季花开到顶、穗绿时采割，除去杂质，晒干。《中华人民共和国药典》2020 年版（一部）收载。

二、形态特征▼

荆芥为多年生植物。茎坚强，基部木质化，多分枝，高 40 ～ 150cm，基部近四棱形，上部钝四棱形，具浅槽，被白色短柔毛。叶卵状至三角状心脏形，长 2.5 ～ 7cm，宽 2.1 ～ 4.7cm，先端钝至锐尖，基部心形至截形，边缘具粗圆齿或牙齿，草质，上面黄绿色，被极短硬毛，下面略发白，被短柔毛但在脉上较密，侧脉 3 ～ 4 对，斜上升，在上面微凹陷，下面隆起；叶柄长 0.7 ～ 3cm，细弱。花序为聚伞状，下部的腋生，上部的组成连续或间断的、较疏松或极密集的顶生分枝圆锥花序，聚伞花序呈二歧状分枝；苞叶叶状，或上部的变小而呈披针状，苞片、小苞片钻形，细小。花萼花时管状，长约 6mm，径 1.2mm，外被白色短柔毛，内面仅萼齿被疏硬毛，齿锥形，长 1.5 ～ 2mm，后齿较长，花后花萼增大成瓮状，纵肋十分清晰。花冠白色，下唇有紫点，外被白色柔毛，内面在喉部被短柔毛，长约 7.5mm，冠筒极细，径约 0.3mm，自萼筒内骤然扩展成宽喉，冠檐二唇形，上唇短，长约 2mm，宽约 3mm，先端具浅凹，下唇 3 裂，中裂片近圆形，长约 3mm，宽约 4mm，基部心形，边缘具粗牙齿，侧裂片圆裂片状。雄蕊内藏，花丝扁平，无毛。花柱线形，先端 2 等裂。花盘杯状，裂片明显。子房无毛。小坚果卵形，几三棱状，灰褐色，长约 1.7mm，径约 1mm。花期 7 ～ 9 月，果期 9 ～ 10 月。

三、生物学特性▼

荆芥喜温暖湿润气候，幼苗能耐 0℃左右低温，–2℃以下则会出现冻害。荆芥喜阳光充足；怕干旱，忌积水。栽培荆芥以疏松肥沃、排水良好的沙壤土、油砂土、夹砂土为宜；忌连作。

四、种植现状及分布▼

我国荆芥的分布区域主要集中在河北、新疆、甘肃、陕西、河南、山西、山东、湖北、贵州、四川及云南等地。

河北省内的荆芥栽培区域主要分布在保定市的安国市、博野县，邯郸市的涉县，张家口市的尚义县，石家庄市的深泽县，邢台市的内丘县等地。

五、适宜性区划▼

（一）适宜性评价指标体系

1. 对温度的适宜性

年平均温度变化范围在 27.5 ～ 28.5℃时，荆芥的生境适宜度最高；在 –4 ～ 11.5℃时，荆芥的生境适宜度随温度的升高而稍有减少；在 11.5 ～ 13.5℃时，荆芥的生境适宜度随温度升高而增加；在 13.5 ～ 14.5℃时，荆芥的生境适宜度随温度升高而大幅减少。

2. 对水分的适宜性

最湿月降水量小于 100mm 时，荆芥的生境适宜度随降水量的增加而增加；在 100 ～ 255mm 时，其生境适宜度随降水量的增加而减少。最干月降水量在 0 ～ 8mm 时，荆芥的生境适宜度较好。

3. 对土壤类型的适宜性

荆芥在干旱土、人为堆积土等土壤类型下有较高的生境适宜度；简育栗钙土、钙积潜育土等土壤类型次之；石灰性疏松岩性土、艳色雏形土土壤类型则不适合荆芥生长；其他土壤类型对荆芥的生境适宜度影响不大。

（二）生态适宜性评价

根据环境因子及相关数据，采用 Maxent 模型预测荆芥生态适宜分布区，利用 GIS 技术将其表现出来。荆芥在河北省区域内的生态适宜区主要分布在河北省保定市的安国市、望都县、蠡县，张家口市的尚义县、怀安县、涿鹿县等地；次适宜主要分布在张家口市的阳原县，石家庄市的深泽县、藁城区，邢台市的南宫市、信都区等地。

六、价格波动▼

荆芥的价格在 2019 年 1 月至 2020 年 11 月由 5.5 元 / 千克上升至 8 元 / 千克；2022 年 5 月，价格上升至 17 元 / 千克，并保持稳定；2022 年 11 月，价格下降至 10 元 / 千克，2023 年 2 月，价格上升至 20 元 / 千克，而后价格波动式下降；2023 年 12 月，价格下降至 11 元 / 千克。

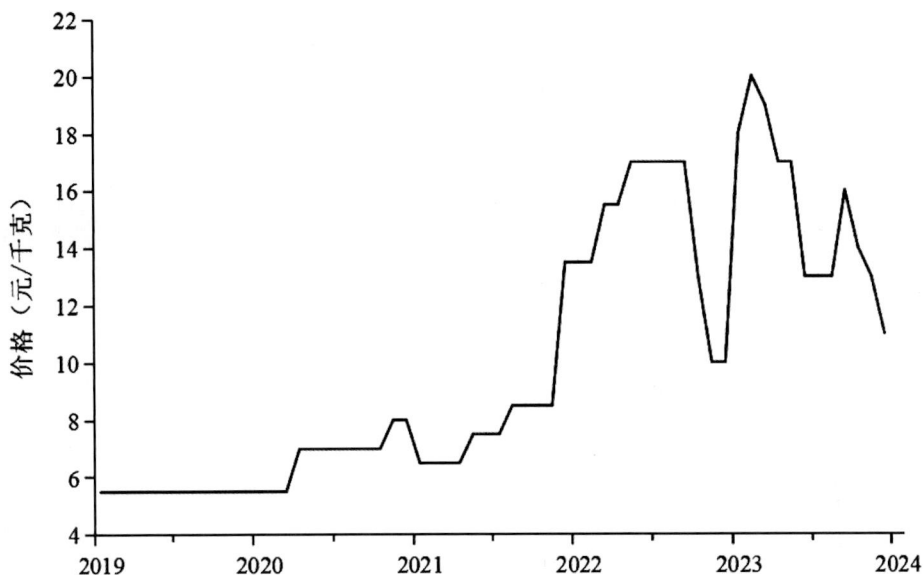

图 5-4-2　荆芥价格波动曲线图

参考文献

［1］王海红，谷志恒.日光温室大棚辣椒、荆芥高产高效套种技术［J］.种
　　　业导刊，2020（6）：29-30.

［2］孟新云.荆芥栽培技术要点［J］.农村科技，2018（9）：41-42.

［3］何晓.荆芥栽培技术［J］.植物医生，2016，29（10）：34.

［4］王飞.荆芥人工栽培技术［J］.河北农业，2016（2）：12-13.

［5］何莉，石娜.荆芥无公害高效栽培技术［J］.科学种养，2014（1）：27-
　　　28.

［6］丁军章，李春艳.药用植物荆芥规范化生产栽培技术［J］.现代农业，
　　　2013（8）：7-8.

［7］刘红彬，李慧玲，李雁鸣.施肥对河北荆芥生长生理及产量和药用品质
　　　的影响［J］.中国生态农业学报，2013，21（2）：157-163.

［8］徐绍峰.荆芥高产栽培技术［J］.中国果菜，2012（5）：20-21.

 蒲公英
TARAXACI HERBA
Pugongying 蒲公英

图 5-5-1　蒲公英植物图

一、来源▼

蒲公英为菊科植物蒲公英 *Taraxacum mongolicum* Hand.–Mazz.、碱地蒲公英 *Taraxacum borealisinense* Kitam. 或同属数种植物的干燥全草。春至秋季花初开时采挖，除去杂质，洗净，晒干。《中华人民共和国药典》2020 年版（一部）收载。

二、形态特征▼

蒲公英为多年生草本。根圆柱状，黑褐色，粗壮。叶倒卵状披针形、倒披针形或长圆状披针形，长 4 ～ 20cm，宽 1 ～ 5cm，先端钝或急尖，边缘有时具波状齿或羽状深裂，有时倒向羽状深裂或大头羽状深裂，顶端裂片较大，三角形或三角状戟形，全缘或具齿，每侧裂片 3 ～ 5 片，裂片三角形或三角状披针形，通常具齿，平展或倒向，裂片间常夹生小齿，基部渐狭成叶柄，叶柄及主脉常带红紫色，疏被蛛丝状白色柔毛或几无毛。花葶一至数个，与叶等长或稍长，高 10 ～ 25cm，上部紫红色，密被蛛丝状白色长柔毛；头状花序直径 30 ～ 40mm；总苞钟状，长 12 ～ 14mm，淡绿色；总苞片 2 ～ 3 层，外层总苞片卵状披针形或披针形，长 8 ～ 10mm，宽 1 ～ 2mm，边缘宽膜质，基部淡绿色，上部紫红色，先端增厚或具小到中等的角状突起；内层总苞片线状披针形，长 10 ～ 16mm，宽 2 ～ 3mm，先端紫红色，具小角状突起；舌状花黄色，舌片长约 8mm，宽约 1.5mm，边缘花舌片背面具紫红色条纹，花药和柱头暗绿色。瘦果倒卵状披针形，暗褐色，长 4 ～ 5mm，宽 1 ～ 1.5mm，上部具小刺，下部具成行排列的小瘤，顶端逐渐收缩为长约 1mm 的圆锥至圆柱形喙基，喙长 6 ～ 10mm，纤细；冠毛白色，长约 6mm。花期 4 ～ 9 月，果期 5 ～ 10 月。

三、生物学特性▼

蒲公英广泛生长于中、低海拔地区的山坡草地、路边、田野、河滩处。

四、种植现状及分布▼

我国蒲公英分布区域主要集中在黑龙江、吉林、辽宁、内蒙古、河北、山西、陕西、甘肃、青海、山东、江苏、安徽、浙江、台湾、河南、湖北、湖南、四川、贵州、云南，以及广东北部、福建北部等地。

河北省内的蒲公英栽培区域主要分布在保定市的安国市、衡水市的景县、石家庄市的元氏县、张家口市的张北县、沧州市的河间市、邯郸市的磁县、承德市的承德县等地。

五、适宜性区划▼

（一）适宜性评价指标体系

1. 对温度的适宜性

最暖季平均温为 26℃时，蒲公英的生境适宜度达到最大值；26 ～ 27℃时，其生境适宜度随着温度升高而减少；在 27℃时，其生境适宜度达到最小值，而后随着温度升高其生境适宜度保持不变。最冷季平均温变化范围在 –20 ～ 4℃时，蒲公英的生境适宜度随着温度升高而减少；在 –4℃以上时，蒲公英生境适宜度保持平稳。适宜蒲公英生长的年平均温度在 13℃左右。

2. 对水分的适宜性

年平均降水量在 580 ～ 740mm 时，蒲公英的生境适宜度随着降水量的增加而增加，在 740mm 时，其生境适宜度达到最佳；而后随着降水量的升高，其生境适宜度稳定在同一水平。

3. 对土壤类型的适宜性

蒲公英在黑色石灰薄层土、钙积潜育土土壤类型下有较高的生境适宜度；简育栗钙土、石灰性疏松岩性土土壤类型次之；而石灰性雏形土土壤类型则不适合蒲公英生长；其他土壤类型对蒲公英的生境适宜度没有较大影响。

4. 对植被类型的适宜性

蒲公英在寒温带和温带山地针叶林植被类型下有较高的生境适宜度；在温带禾草、杂类草草甸植被类型下次之；其他类型对其生境适宜度没有较大的影响。

（二）生态适宜性评价

根据环境因子及相关数据，采用 Maxent 模型预测蒲公英生态适宜分布区，利用 GIS 技术将其表现出来。蒲公英在河北省区域内的适宜区主要分布在保定市的安国市、博野县、满城区、定州市，邢台市的巨鹿县、南宫市，邯郸市的临漳县、磁县等地；次适宜区主要分布在秦皇岛市的青龙满族自治县，邢台市的信都区、柏乡县，石家庄市的晋州市、深泽县等地。

六、价格波动▼

蒲公英的价格在 2019 年 1 月为 10 元 / 千克；2019 年 7 月，价格下降至 8 元 / 千克并保持稳定；2020 年 3 月，价格上升至 8.5 元 / 千克；2020 年 6 月，价格下降至 8 元 / 千克并保持稳定；2021 年 9 月，价格上涨至 9 元 / 千克并保持稳定；2022 年 4 月，价格下跌至 7.5 元 / 千克，而后价格逐步上升；2023 年 1 月，价格上升至 16 元 / 千克并保持稳定；2023 年 5 月起价格逐步下降，最低价为 13 元 / 千克，并保持稳定直至 2023 年末。

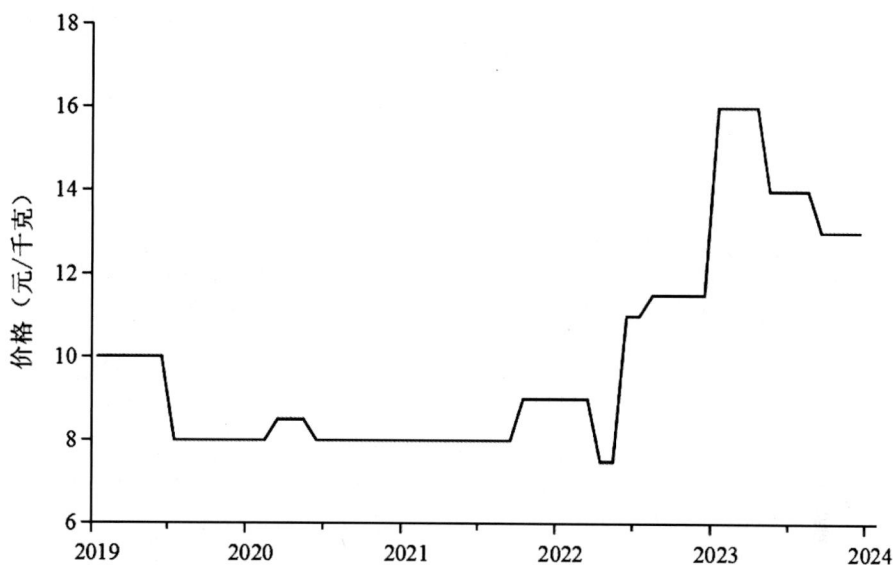

图 5-5-2　蒲公英价格波动曲线图

参考文献

[1] 许先猛，董文宾，卢军，等.蒲公英的化学成分和功能特性的研究进展
　　[J].食品安全质量检测学报，2018，9（7）：1623-1627.

[2] 姜醒，赵敏，高晓波，等.蒲公英中桉叶烷型倍半萜类化学成分研究
　　[J].中南药学，2016，14（12）：1293-1297.

[3] 李海波，王铁成，李凯.不同生态环境系统下野生蒲公英化学成分的研
　　究[J].黑龙江科技信息，2016（7）：121.

[4] 孙哲.蒲公英饮片质量标准研究[J].科技创新与应用，2013（23）：
　　22-23.

DIANTHI HERBA

图 5-6-1　瞿麦植物图

一、来源▼

瞿麦为石竹科植物瞿麦 *Dianthus superbus* L. 或石竹 *Dianthus chinensis* L. 的干燥地上部分。夏、秋二季花果期采割，除去杂质，干燥。《中华人民共和国药典》2020 年版（一部）收载。

二、形态特征▼

瞿麦为多年生草本，高 50 ～ 60cm，有时更高。茎丛生，直立，绿色，无毛，上部分枝。叶片线状披针形，长 5 ～ 10cm，宽 3 ～ 5mm，顶端锐尖，中脉特显，基部合生成鞘状，绿色，有时带粉绿色。花 1 或 2 朵生枝端，有时顶下腋生；苞片 2 ～ 3 对，倒卵形，长 6 ～ 10mm，约为花萼 1/4，宽 4 ～ 5mm，顶端长尖；花萼圆筒形，长 2.5 ～ 3cm，直径 3 ～ 6mm，常染紫红色晕，萼齿披针形，长 4 ～ 5mm；花瓣长 4 ～ 5cm，爪长 1.5 ～ 3cm，包于萼筒内，瓣片宽倒卵形，边缘繸裂至中部或中部以上，通常淡红色或带紫色，稀白色，喉部具丝毛状鳞片；雄蕊和花柱微外露。蒴果圆筒形，与宿存萼等长或微长，顶端 4 裂；种子扁卵圆形，长约 2mm，黑色，有光泽。花期 6 ～ 9 月，果期 8 ～ 10 月。

石竹为多年生草本，稀一年生。根有时木质化。茎多丛生，圆柱形或具棱，有关节，节处膨大。叶禾草状，对生，叶片线形或披针形，常苍白色，脉平行，边缘粗糙，基部微合生。花红色、粉红色、紫色或白色，单生或成聚伞花序，有时簇生成头状，围以总苞片；花萼圆筒状，5 齿裂，无干膜质接着面，有脉 7、9 或 11 条，基部贴生苞片 1 ～ 4 对；花瓣 5，具长爪，瓣片边缘具齿或隧状细裂，稀全缘；雄蕊 10；花柱 2，子房 1 室，具多数胚珠，有长子房柄。蒴果圆筒形或长圆形，稀卵球形，顶端 4 齿裂或瓣裂；种子多数，圆形或盾状；胚直生，胚乳常偏于一侧。

三、生物学特性▼

瞿麦耐寒，喜潮湿，忌干旱，土壤以沙壤土或黏壤土最好。

四、种植现状及分布▼

我国瞿麦的分布区域主要集中在河北、山东、江苏、浙江、江西、河南、湖北、四川、贵州、新疆等地。

河北省内的瞿麦栽培区域主要分布在保定市的安国市，张家口市的沽源县、张北县，邯郸市的磁县，沧州市的泊头市等地。

五、适宜性区划▼

（一）适宜性评价指标体系

1. 对温度的适宜性

最暖月最高温在 27.5℃ 以下时，瞿麦的生境适宜度随温度的升高而增加，并在 27.5℃ 时达到最大值。最冷月最低温变化范围在 –25 ～ –17℃ 时，瞿麦的生境适宜度随着温度升高而增加；在 –17 ～ –9℃ 时，瞿麦的生境适宜度较高。

2. 对水分的适宜性

年平均降水量在 319 ～ 525mm 时，瞿麦的生境适宜度随年均降水量的增加而增加；在 525 ～ 640mm 时，其生境适宜度较稳定；在 640 ～ 750mm 时，其生境适宜度随年均降水量的增加而增加；在 750mm 以上时，其生境适宜度较为稳定。

3. 对含沙量的适宜性

当含沙量小于 92% 时，瞿麦的生境适宜度随着含沙量的增加而增加；当含沙量达到 92% 时，瞿麦的生境适宜度最佳。

4. 对土壤类型的适宜性

瞿麦在城镇工矿区、鱼塘土壤类型下有较高的生境适宜度；潜育淋溶土、石灰性始成土等土壤类型次之；其他土壤类型则不适合瞿麦生长。

（二）生态适宜性评价

根据环境因子及相关数据，采用 Maxent 模型预测瞿麦生态适宜分布区，利用 GIS 技术将其表现出来。瞿麦在河北省区域内的生态适宜区主要分布在石家庄市的新乐市，保定市的安国市、望都县，秦皇岛市的青龙满族自治县，承德市的隆化县、平泉市、承德县等地；次适宜区主要分布在保定市的清苑区、保定国家高新技术产业开发区，石家庄市的元氏县，邢台市的隆尧县等地。

六、价格波动▼

瞿麦的价格在 2019 年 1 月至 5 月下降至 3 元 / 千克并保持稳定，直至 2020 年 8 月；2020 年 9 月，价格下降至 2.5 元 / 千克，而后价格逐步上升；2022 年 3 月，价格上升至 13 元 / 千克；2022 年 12 月，价格陡升至 28 元 / 千克并保持稳定；2023 年 5 月，价格开始下降；2023 年 9 月，价格下跌至 5 元 / 千克并保持稳定，直至 2023 年末。

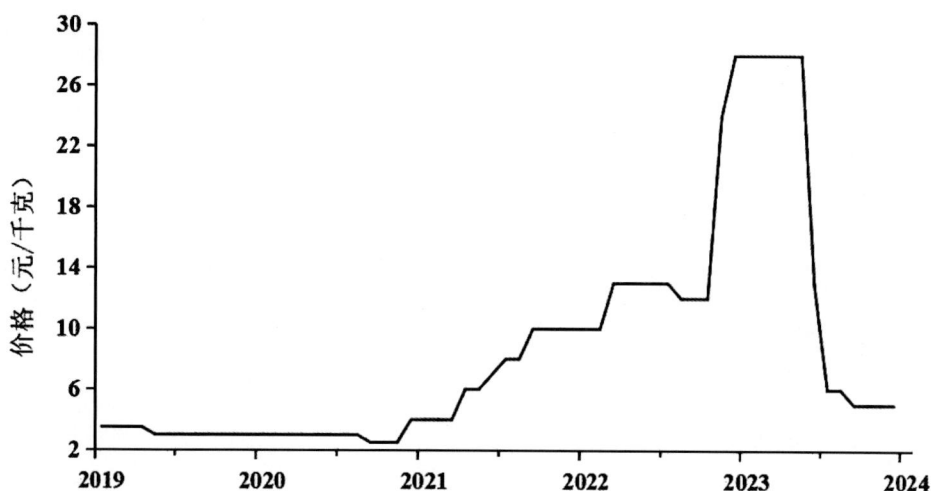

图 5-6-2　瞿麦价格波动曲线图

参考文献

[1] 管仁伟，郭瑞齐，林慧彬，等．瞿麦的本草考证［J］．中国现代中药，2020，22（11）：1914-1921.

[2] 祝之友．瞿麦［J］．中国中医药现代远程教育，2019，17（16）：105.

[3] 吴小勇．杂交瞿麦高产栽培技术［J］．现代农业科技，2019（2）：5-6.

[4] 钱仁卷，郑坚，张旭乐，等．瞿麦新品种"大叶瞿麦"［J］．园艺学报，2018，45（S2）：2859-2860.

[5] 杨新全，农翼荣，朱平．瞿麦南繁栽培试验［J］．种子，2017，36（12）：128-130.

[6] 刘振启，刘杰．瞿麦与混乱品种的鉴别［J］．首都食品与医药，2016，23（3）：63.

Zisuye 紫苏叶

PERILLAE FOLIUM

图 5-7-1　紫苏植物图

一、来源▼

紫苏叶为唇形科植物紫苏 *Perilla frutescens*（L.）Britt. 的干燥叶或带嫩枝。夏季枝叶茂盛时采收，除去杂质，晒干。《中华人民共和国药典》2020 年版（一部）收载。

二、形态特征▼

紫苏为一年生直立草本。茎高 0.3～2m，绿色或紫色，钝四棱形，具四槽，密被长柔毛。叶阔卵形或圆形，长 7～13cm，宽 4.5～10cm，先端短尖或突尖，基部圆形或阔楔形，边缘在基部以上有粗锯齿，膜质或草质，两面绿色或紫色，或仅下面紫色，上面被疏柔毛，下面被贴生柔毛，侧脉 7～8 对，位于下部者稍靠近，斜上升，中脉在上面微突起下面明显突起，色稍淡；叶柄长 3～5cm，背腹扁平，密被长柔毛。轮伞花序 2 花，组成长 1.5～15cm、密被长柔毛、偏向一侧的顶生及腋生总状花序；苞片宽卵圆形或近圆形，长、宽均约 4mm，先端具短尖，外被红褐色腺点，无毛，边缘膜质；花梗长 1.5mm，密被柔毛。花萼钟形，10 脉，长约 3mm，直伸，下部被长柔毛，夹有黄色腺点，内面喉部有疏柔毛环，结果时增大，长至 1.1cm，平伸或下垂，基部一边肿胀，萼檐二唇形，上唇宽大，3 齿，中齿较小，下唇比上唇稍长，2 齿，齿披针形。花冠白色至紫红色，长 3～4mm，外面略被微柔毛，内面在下唇片基部略被微柔毛，冠筒短，长 2～2.5mm，喉部斜钟形，冠檐近二唇形，上唇微缺，下唇 3 裂，中裂片较大，侧裂片与上唇相近似。雄蕊 4，几不伸出，前对稍长，离生，插生喉部，花丝扁平，花药 2 室，室平行，其后略叉开或极叉开。花柱先端相等 2 浅裂。花盘前方呈指状膨大。小坚果近球形，灰褐色，直径约 1.5mm，具网纹。花期 8～11月，果期 8～12 月。

三、生物学特性▼

紫苏适应性很强，对土壤要求不严，适宜在排水良好的沙质壤土、壤土、黏壤土，房前屋后、沟边、地边、肥沃的土壤上栽培。栽培紫苏的土地前茬作物以蔬菜为好，果树幼林下均能栽种。紫苏常见于山地路旁、村边荒地或舍旁。

四、种植现状及分布▼

我国紫苏的分布区域主要集中在山西、河北、湖北、江西、浙江、江苏、福建、台湾、广东、广西、云南、贵州及四川等地。

　　河北省内的紫苏栽培区域主要分布在邯郸市的磁县，保定市的安国市，承德市的丰宁满族自治县、围场满族蒙古族自治县，张家口市的赤城县，秦皇岛市的昌黎县等地。

五、适宜性区划▼

（一）适宜性评价指标体系

1. 对温度的适宜性

　　最暖季平均温变化范围在 18 ～ 28.5℃时，紫苏的生境适宜度随温度升高而逐渐增加；在 28.5 ～ 32.5℃时，其生境适宜度随温度升高而增加，且适宜度增长速度较快；温度在 32.5℃时，紫苏的生境适宜度达到最佳。最冷季平均温变化范围在 –6 ～ 5℃时，紫苏的生境适宜度随温度升高而增加，且适宜度增长速度较快；温度在 5℃时，其生境适宜度达到最佳。最湿季平均温在 26℃时，其生境适宜度达到最佳；大于 26.3℃时，其生境适宜度随着温度升高而减少。

2. 对水分的适宜性

　　年平均降水量在 325 ～ 530mm 时，紫苏的生境适宜度随降水量的增加而增加；在 530 ～ 550mm 时，紫苏的生境适宜度最佳；大于 550mm 时，其生境适宜度随降水量的增加而逐渐降低。

3. 对含沙量的适宜性

　　当含沙量低于 90% 时，紫苏的生境适宜度随含沙量的增加而增加；在 90% 时，紫苏的生境适宜度达到最佳。

4. 对酸碱度的适宜性

　　当酸碱度在 7.9 ～ 8.9 时，紫苏的生境适宜度随酸碱度的增加而增加，且适宜度增加幅度较快；当大于 8.9 时，其生境适宜度保持不变。

（二）生态适宜性评价

　　根据环境因子及相关数据，采用 Maxent 模型预测紫苏生态适宜分布区，利用 GIS 技术将其表现出来。紫苏在河北省区域内的适宜区主要分布在保定市的涞水县、定兴县、满城区、安国市、定州市，石家庄市的深泽县、无极县，邢台市的柏乡县、隆尧县、巨鹿县，邯郸市的鸡泽县、磁县等地；次适宜区主要分布在邯郸市的魏县、曲周县，石家庄市的正定县、元氏县，保定市的满城区、顺平县，唐山市的滦南县，张家口市的赤城县等地。

六、价格波动▼

　　紫苏叶的价格在 2019 年 1 月至 9 月由 7 元 / 千克上升至 10 元 / 千克，并保持稳定；

2023 年 1 月，价格陡升至 35 元 / 千克，而后价格逐渐下降；2023 年 9 月，价格下降至 12 元 / 千克并保持稳定，直至 2023 年末。

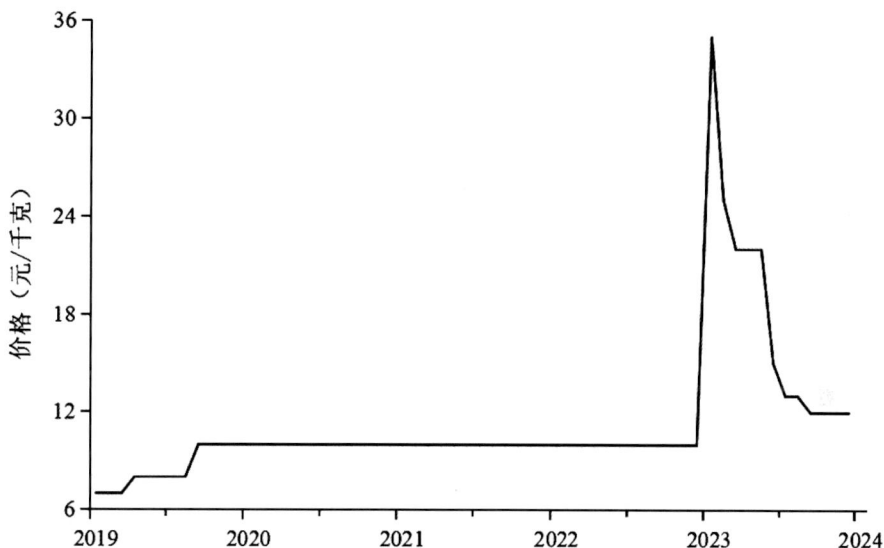

图 5-7-2　紫苏叶价格波动曲线图

参考文献

［1］王中林 . 苏子的特征特性、利用价值及丰产栽培技术［J］. 科学种养，2021（1）：21-23.

［2］樊蓉，杨军辉，刘训红，等 . 同基原多部位入药紫苏叶类药材挥发性成分的比较分析［J］. 中药材，2012，35（12）：1961-1966.

［3］魏忠芬，李慧琳，杨胜先，等 . 高产优质紫苏叶新品种贵苏 3 号的选育及稳定性分析［J］. 种子，2020，39（10）：132-135.

［4］甄永胜，李长春，刘建昕，等 . 紫苏叶生产管理技术［J］. 现代农村科技，2020（5）：20.

［5］魏国江，郭梦桥，崔海波，等 . 紫苏叶新品种龙紫苏叶 1 号的选育［J］. 种子，2019，38（7）：155-157.

［6］沈奇，赵继献，邱雪柏，等 . 环境因子对紫苏叶籽粒产量及品质性状影响研究［J］. 中国中药杂志，2018，43（20）：4033-4043.

第六章

花 类

菊花 Juhua

CHRYSANTHEMI FLOS

图 6-1-1　菊花植物图

一、来源▼

菊花为菊科植物菊 *Chrysanthemum morifolium* Ramat. 的干燥头状花序。9 ～ 11 月花盛开时分批采收,阴干或焙干,或熏、蒸后晒干。药材按产地和加工方法不同,分为"亳菊""滁菊""贡菊""杭菊""怀菊"。《中华人民共和国药典》2020 年版(一部)收载。

二、形态特征▼

菊为多年生草本。叶不分裂或一回或二回掌状或羽状分裂。头状花序异型,单生茎顶,少数或较多在茎枝顶端排成伞房或复伞房花序;边缘花雌性,舌状,1 层(在栽培品种中多层),中央盘花两性管状;总苞浅碟状,极少为钟状;总苞片 4 ～ 5 层,边缘白色、褐色或黑褐或棕黑色膜质或中外层苞片叶质化而边缘羽状浅裂或半裂;花托突起,半球形,或圆锥状,无托毛;舌状花黄色、白色或红色,舌片长或短,短可至 1.5mm 而长可至 2.5cm 或更长;管状花全部黄色,顶端 5 齿裂;花柱分枝线形,顶端截形;花药基部钝,顶端附片披针状卵形或长椭圆形。全部瘦果同形,近圆柱状而向下部收窄,有 5 ～ 8 条纵脉纹,无冠状冠毛。

三、生物学特性▼

菊为短日照植物,在短日照下能提早开花;喜阳光,忌荫蔽,但稍耐阴;较耐旱,怕涝。菊喜温暖湿润气候,但能耐寒,严冬季节根茎能在地下越冬。菊能经受微霜,但幼苗生长和分枝孕蕾期需较高的气温。菊喜地势高燥、土层深厚、富含腐殖质、轻松肥沃而排水良好的沙壤土;在微酸性到中性的土壤中均能生长,以 pH 6.2 ～ 6.7 较好;忌连作。

四、种植现状及分布▼

我国菊的分布区域主要集中在安徽、浙江、河南、河北、湖南、湖北、四川等地。

河北省内的菊栽培区域主要分布在保定市的安国市、望都县、清苑区,邯郸市的永年区、曲周县、肥乡区,邢台市的信都区、巨鹿县、沙河市、内丘县,张家口市的万全区,沧州市的献县,保定市的定州市等地。

五、适宜性区划▼

（一）适宜性评价指标体系

1. 对温度的适宜性

最冷月最低温低于6.2℃时，菊的生境适宜度随最冷月最低温的升高而增加；在6.2℃时，菊的生境适宜度较高。最干季时，菊的生境适应度不随温度的变化而变化。最湿季平均温变化范围在23.4～27.1℃时，其生境适宜度随温度升高而减少；在27.1℃时达到最小值，而后温度升高但其生境适宜度保持稳定。适宜菊生长的年平均温度为16.6℃。

2. 对水分的适宜性

年平均降水量小于470mm时，菊的生境适宜度随年均降水量的增加而减少；降水量在470mm时达到最小值；而后降水量增加但其生境适宜度保持稳定。

3. 对海拔的适宜性

海拔在0～100m时，菊的生境适宜度随海拔升高而增加；海拔在100m以上时，其生境适宜度随海拔升高而逐渐下降，在海拔2548m之后达到稳定。

4. 对土壤类型的适宜性

菊在钙积潜育土、潜育高活性淋溶土等土壤类型下有较高的生境适宜度；饱和雏形土、简育高活性淋溶土等土壤类型次之；其他土壤类型对其生境适宜度影响不大。

（二）生态适宜性评价

根据环境因子及相关数据，采用Maxent模型预测菊花生态适宜分布区，利用GIS技术将其表现出来。菊在河北省区域内的生态适宜区主要分布在保定市的安国市、望都县，张家口市的怀安县、宣化区等地；次适宜区主要分布在秦皇岛市的抚宁区，邢台市的信都区、平乡县、广宗县，石家庄市的井陉县、元氏县等地。

六、价格波动▼

菊花的价格在2019年1月至12月由53元/千克逐渐上涨至60元/千克，并保持稳定；2020年7月价格下降至55元/千克并保持至2021年3月；2021年4月至7月，价格稳定在60元/千克；2021年8月至11月，价格稳定在55元/千克；2021年12月至2022年1月，价格迅速上涨至70元/千克；2022年2月至2023年6月，价格持续稳定在70元/千克；2023年7月，价格降低至60元/千克，直至2023年末。

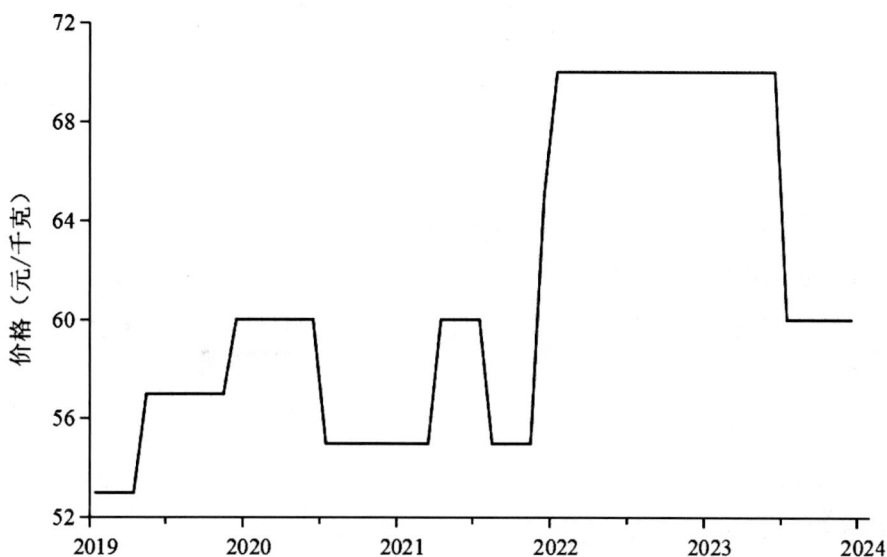

图 6-1-2　菊花价格波动曲线图

参考文献

［1］梁碧云，马留辉，禤莹.浅谈药食两用菊花高效栽培技术［J］.南方农业，2020，14（24）：34-36.

［2］杨春志，王建斌，马桂兴.药用菊花栽培技术及其应用［J］.花卉，2019（24）：1-2.

［3］李巧智，王孟文，王景震，等.菊花栽培与管理技术［J］.现代农村科技，2019（5）：34.

［4］常相伟，魏丹丹，陈栋杰，等.药用与茶用菊花资源形成源流与发展变化［J］.中国现代中药，2019，21（1）：116-123.

［5］魏丹丹，常相伟，郭盛，等.菊花及菊资源开发利用及资源价值发现策略［J］.中国现代中药，2019，21（1）：37-44.

［6］宋雪彬.菊花品种表型性状的数量化定义及其遗传分析［D］.北京：北京林业大学，2018.

［7］夏伟，谭政委，余永亮，等.药用菊花种质资源研究进展［J］.安徽农业科学，2018，46（21）：37-38.

Honghua 红花

CARTHAMI FLOS

图 6-2-1　红花植物图

一、来源▼

红花为菊科植物红花 *Carthamus tinctorius* L. 的干燥花。夏季花由黄变红时采摘，阴干或晒干。《中华人民共和国药典》2020 年版（一部）收载。

二、形态特征▼

红花为一年生草本，高（20）50 ～ 100（150）cm。茎直立，上部分枝，全部茎枝白色或淡白色，光滑，无毛。中下部茎叶披针形、披状披针形或长椭圆形，长 7 ～ 15cm，宽 2.5 ～ 6cm，边缘大锯齿、重锯齿、小锯齿，以至无锯齿而全缘，极少羽状深裂，齿顶有针刺，针刺长 1 ～ 1.5mm，向上的叶渐小，披针形，边缘有锯齿，齿顶针刺较长，长达 3mm。全部叶质地坚硬，革质，两面无毛无腺点，有光泽，基部无柄，半抱茎。头状花序多数，在茎枝顶端排成伞房花序，为苞叶所围绕，苞片椭圆形或卵状披针形，包括顶端针刺长 2.5 ～ 3cm，边缘有针刺，针刺长 1 ～ 3mm，或无针刺，顶端渐长，有篦齿状针刺，针刺长 2mm。总苞卵形，直径 2.5cm。总苞片 4 层，外层竖琴状，中部或下部有收缢，收缢以上叶质，绿色，边缘无针刺或有篦齿状针刺，针刺长达 3mm，顶端渐尖，长 1 ～ 2mm，收缢以下黄白色；中内层硬膜质，倒披针状椭圆形至长倒披针形，长达 2.2cm，顶端渐尖。全部苞片无毛无腺点。小花红色、橘红色，全部为两性，花冠长 2.8cm，细管部长 2cm，花冠裂片几达檐部基部。瘦果倒卵形，长 5.5mm，宽 5mm，乳白色，有 4 棱，棱在果顶伸出，侧生着生面。无冠毛。花果期 5 ～ 8 月。

三、生物学特性▼

红花喜温暖、干燥气候，抗寒性强，耐贫瘠。红花抗旱、怕涝，适宜在排水良好、中等肥沃的沙壤土上种植，以油沙土、紫色夹沙土最为适宜。

四、种植现状及分布▼

我国红花的分布区域主要集中在黑龙江、辽宁、吉林、河北、山西、内蒙古、陕西、甘肃、青海、山东、浙江、贵州、四川、西藏等地。

河北省内的红花栽培区域主要分布在保定市的安国市、定州市，廊坊市的永清县等地。

五、适宜性区划▼

（一）适宜性评价指标体系

1. 对温度的适宜性

最暖季平均温在 27℃ 以下时，红花的生境适宜度随最暖季平均温的升高而增加，并在 27℃ 时达到最大值；在 27～28℃ 时，其生境适宜度随着温度升高而减少，并在 28℃ 时达到最小值；而后温度升高但其生境适宜度保持稳定。最冷季平均温变化范围在 –18～2℃ 时，红花的生境适宜度随着温度升高而增大；在 –2℃ 时，红花的生境适宜度达到最大值；在 –2～3℃ 时，其生境适宜度随着温度的升高而减少，并在 3℃ 时达到最小值；而后温度升高但其生境适宜度保持稳定。适宜红花生长的年平均温度在 12.5℃ 左右。

2. 对水分的适宜性

年平均降水量在 740mm 以下时，红花的生境适宜度随降水量的升高而减少；在 740mm 时，其生境适宜度达到最小值；而后降水量升高但其生境适宜度稳定在同一水平。

3. 对土壤类型的适宜性

红花在石灰性疏松岩性土、过渡性红砂土土壤类型下有较高的生境适宜度；潜育高活性淋溶土、黏化栗钙土土壤类型次之；其他土壤类型对其生境适宜度没有较大影响。

4. 对植被类型的适宜性

红花在温带半灌木、矮半灌木荒漠，高寒垫状矮半灌木荒漠植被类型下有较高的生境适宜度；在亚高山常绿叶灌丛，寒温带、温带沼泽植被类型下次之；其他植被类型对其生境适宜度没有较大的影响。

（二）生态适宜性评价

根据环境因子及相关数据，采用 Maxent 模型预测红花生态适宜分布区，利用 GIS 技术将其表现出来。红花在河北省区域内的生态适宜区主要分布在保定市的安国市、望都县，张家口市的尚义县、怀安县，邯郸市的涉县等地；次适宜区主要分布在邯郸市的磁县，邢台市的隆尧县、巨鹿县。

六、价格波动▼

红花的价格在 2019 年 1 月为 121 元 / 千克，而后总体呈下降趋势，至 2019 年 10 月已降至 98 元 / 千克；2019 年 11 月至 2022 年 4 月，价格总体呈上升趋势，最高升至 180 元 / 千克；2022 年 5 月至 2023 年 12 月，价格总体呈下降趋势，从 165 元 / 千克降至 130 元 / 千克。

图 6-2-2 红花价格波动曲线图

参考文献

［1］严特波，蒋永清.不同移植时间对西红花生长的影响［J］.浙江农业科学，2020，61（8）：1542–1543.

［2］吕晓芳，刘凌云.缙云西红花产业现状及效益提升的思考［J］.浙江农业科学，2020，61（8）：1537–1538.

［3］饶君凤，张旭娟，俞可欣，等.10个种源西红花引种及其性状比较［J］.浙江农业科学，2020，61（6）：1050–1053.

［4］高凯娜，陈虹，沈威，等.西红花采后加工关键技术［J］.浙江农业科学，2019，60（6）：1008–1010.

［5］刘波，沙妙清，张艳秋，等.中药西红花中重金属元素分析［J］.绿色科技，2019（10）：182–184.

［6］姚冲，刘兵兵，周桂芬，等.影响西红花产量和品质的诸因素研究进展［J］.中药材，2017，40（3）：738–743.

［7］刘江弟，欧阳臻，杨滨.西红花品质评价研究进展［J］.中国中药杂志，2017，42（3）：405–412.

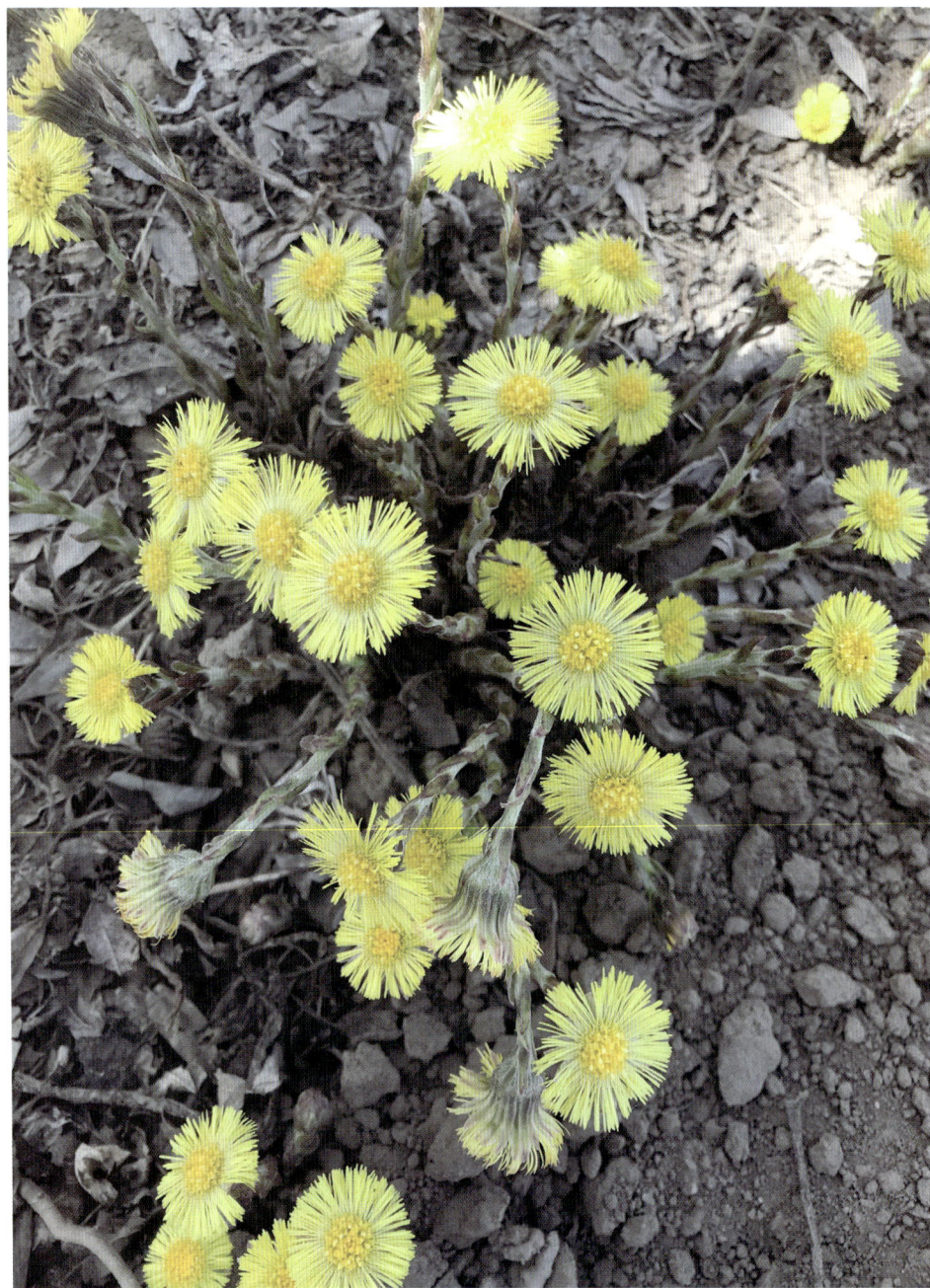

图 6-3-1　款冬植物图

一、来源▼

款冬花为菊科植物款冬 *Tussilago farfara* L. 的干燥花蕾。12 月或地冻前当花尚未出土时采挖，除去花梗和泥沙，阴干。《中华人民共和国药典》2020 年版（一部）收载。

二、形态特征▼

款冬为多年生草本。根状茎横生地下，褐色。早春花叶抽出数个花葶，高 5 ～ 10cm，密被白色茸毛，有鳞片状，互生的苞叶，苞叶淡紫色。头状花序单生顶端，直径 2.5 ～ 3cm，初时直立，花后下垂；总苞片 1 ～ 2 层，总苞钟状，结果时长 15 ～ 18mm，总苞片线形，顶端钝，常带紫色，被白色柔毛及脱毛，有时具黑色腺毛；边缘有多层雌花，花冠舌状，黄色，子房下位；柱头 2 裂；中央的两性花少数，花冠管状，顶端 5 裂；花药基部尾状；柱头头状，通常不结实。瘦果圆柱形，长 3 ～ 4mm；冠毛白色，长 10 ～ 15mm。后生出基生叶阔心形，具长叶柄，叶片长 3 ～ 12cm，宽 4 ～ 14cm，边缘有波状、顶端增厚的疏齿，掌状网脉，下面被密白色茸毛；叶柄长 5 ～ 15cm，被白色棉毛。

三、生物学特性▼

款冬生长于海拔 800 ～ 1600m 的沟谷旁、稀疏林缘、岩石缝隙及林下。款冬喜温暖、湿润的气候环境，夏季喜欢凉爽气候，适宜在疏松肥沃、排水良好的沙质土壤中生长。

四、种植现状及分布▼

我国款冬的分布区域主要集中在华北、东北、华东、西北，以及湖北、湖南、江西、贵州、云南、西藏等地区。

河北省内的款冬栽培区域主要分布在邯郸市的永年区、张家口市的蔚县、承德市的隆化县、沧州市等地。

五、适宜性区划▼

（一）适宜性评价指标体系

1. 对温度的适宜性

最湿季平均温变化范围在 12.5 ～ 27℃时，款冬的生境适宜度随温度升高而增加；在 27℃时，其生境适宜度达到最大值，而后温度升高但其生境适宜度恒定。最冷季平均温变化范围在 –18 ～ –1.5℃时，其生境适宜度随温度升高而增加；在 –1.5 ～ 0.1℃时，其生境适宜度随温度升高而有小幅下降。

2. 对水分的适宜性

最冷季降水量在 6～16mm 时，款冬的生境适宜度随降水量的增加而增加；降水量为 16mm 时，款冬的生境适宜度最佳；降水量在 16mm 以上时，款冬的生境适宜度随降水量的增多而小幅度减少。

3. 对土壤质地的适宜性

款冬在盐化冲积土、钙积潜育土等土壤类型下有较高的生境适宜度；黑色石灰薄层土、简育盐土等土壤类型次之；其他土壤类型对款冬的生境适宜度影响不大。

4. 对坡向的适宜性

坡向为平地、东北向时，款冬有较高的生境适宜度；坡向为南向、东南向时次之；其他坡向类型则对款冬的生境适宜度影响不大。

（二）生态适宜性评价

根据环境因子及相关数据，采用 Maxent 模型预测款冬生态适宜分布区，利用 GIS 技术将其表现出来。款冬在河北省区域内的生态适宜区主要分布在沧州市的黄骅市、海兴县，张家口市的蔚县，唐山市的乐亭县、曹妃甸区等地；次适宜区主要分布在张家口市的万全区、承德市的兴隆县、保定市的望都县等地。

六、价格波动▼

款冬花的价格在 2019 年 1 月至 2021 年 7 月在 50～60 元 / 千克波动；2021 年 8 月至 2023 年 5 月，价格猛增至 340 元 / 千克；2023 年 6 月至 12 月，价格回跌至 270 元 / 千克。

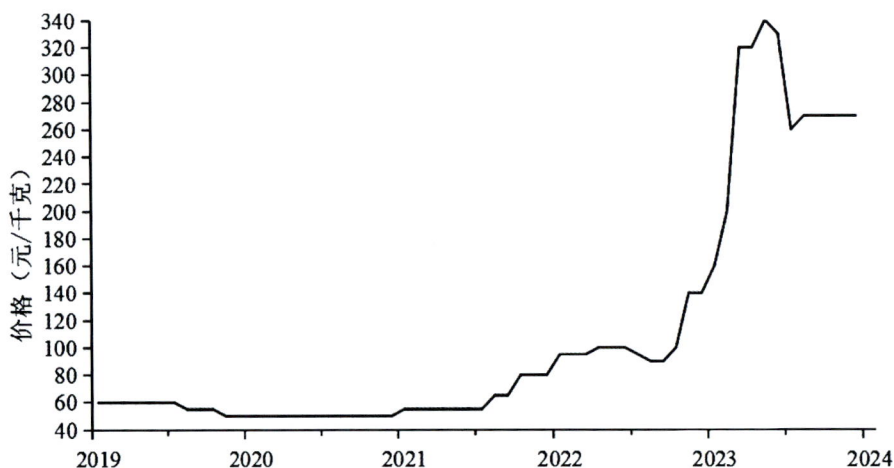

图 6-3-2　款冬花价格波动曲线图

参考文献

［1］王田利.款冬花栽培技术［J］.农村百事通，2020（2）：38-39.

［2］车树理，杨文玺，武睿.不同栽培方式对款冬花产量的影响［J］.现代农业，2017（9）：83-84.

［3］李城德.半干旱区款冬花栽培技术规程［J］.甘肃农业科技，2017（3）：61-64.

［4］张文辉，张绪成，管青霞.栽植期和栽植深度对款冬花的影响初报［J］.甘肃农业科技，2016（6）：18-20.

［5］刘世增，赵军营，陈萍，等.浅议款冬新品种选育和花芽分化农艺调控技术研究［J］.甘肃科技，2019，35（22）：171-172.

［6］贺润丽，平莉莉，王兵，等.不同居群款冬花种质资源形态特征变异研究［J］.山西中医学院学报，2014，15（4）：39-41.

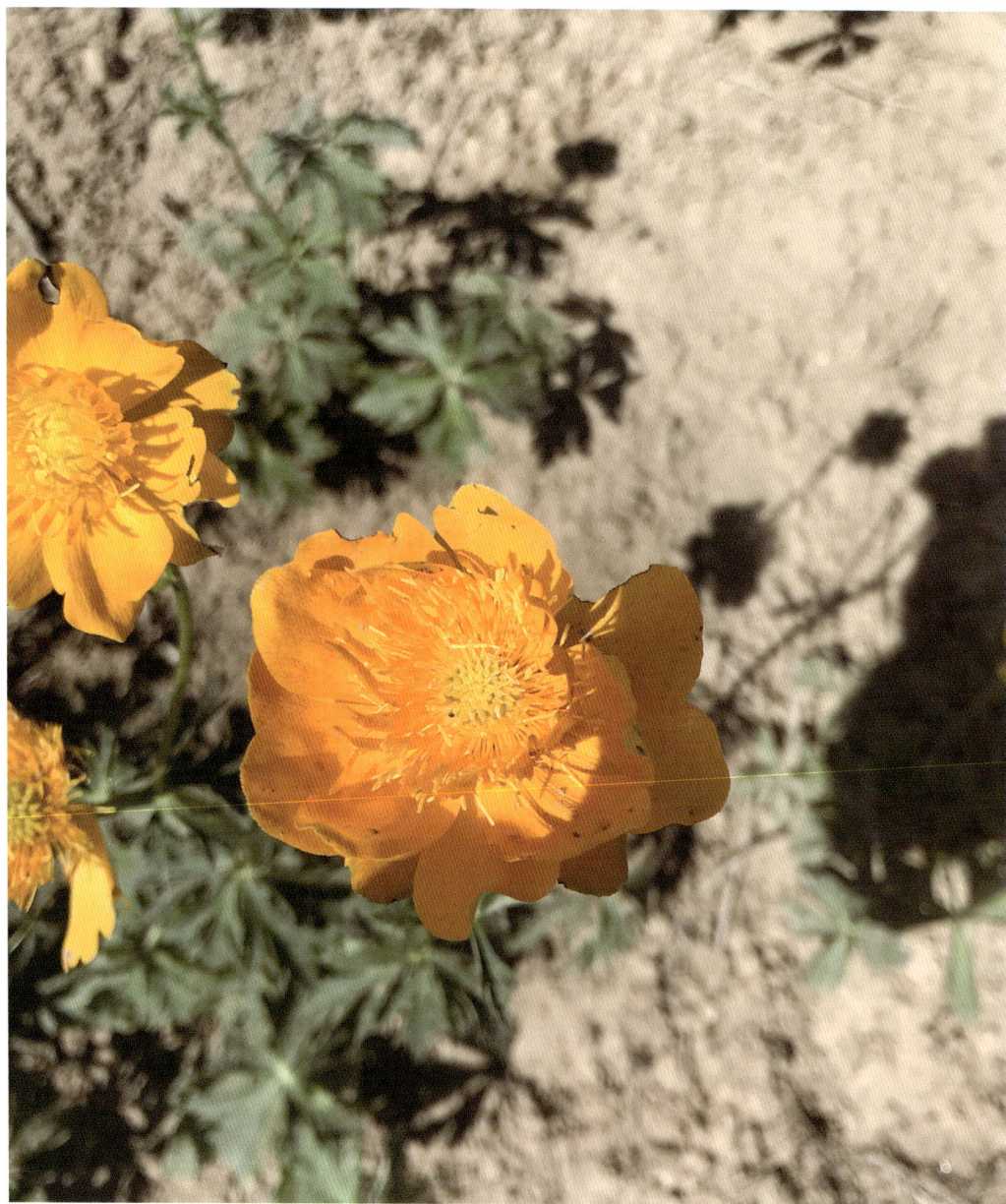

图 6-4-1 金莲花植物图

一、来源▼

金莲花为毛茛科植物金莲花 *Trollius chinensis* Bunge. 的干燥花。夏季花盛开时采收，晾干。《上海市中药饮片炮制规范》2018 年版、《江苏省中药饮片炮制规范》2020 年版（第二册）收载。

二、形态特征▼

金莲花为多年生草本，植株全体无毛。须根长达 7cm。茎高 30～70cm，不分枝，疏生（2～）3～4 叶。基生叶 1～4 个，长 16～36cm，有长柄；叶片五角形，长 3.8～6.8cm，宽 6.8～12.5cm，基部心形，三全裂，全裂片分开，中央全裂片菱形，顶端急尖，三裂达中部或稍超过中部，边缘密生稍不相等的三角形锐锯齿，侧全裂片斜扇形，二深裂近基部，上面深裂片与中全裂片相似，下面深裂片较小，斜菱形；叶柄长 12～30cm，基部具狭鞘。茎生叶似基生叶，下部的具长柄，上部的较小，具短柄或无柄。花单独顶生或 2～3 朵组成稀疏的聚伞花序，直径 3.8～5.5cm，通常在 4.5cm 左右；花梗长 5～9cm；苞片三裂；萼片（6～）10～15（～19）片，金黄色，干时不变绿色，最外层的椭圆状卵形或倒卵形，顶端疏生三角形牙齿，间或生 3 个小裂片，其他的椭圆状倒卵形或倒卵形，顶端圆形，生不明显的小牙齿，长 1.5～2.8cm，宽 0.7～1.6cm；花瓣 18～21 个，稍长于萼片或与萼片近等长，稀比萼片稍短，狭线形，顶端渐狭，长 1.8～2.2cm，宽 1.2～1.5mm；雄蕊长 0.5～1.1cm，花药长 3～4mm；心皮 20～30。蓇葖长 1～1.2cm，宽约 3mm，具稍明显的脉网，喙长约 1mm；种子近倒卵球形，长约 1.5mm，黑色，光滑，具 4～5 棱角。6～7 月开花，8～9 月结果。

三、生物学特性▼

金莲花原产于秘鲁共和国，喜温暖、湿润和阳光充足的环境。金莲花在生长期茎叶繁茂，需充足水分，应向叶面和地面多喷水，保持较高的空气湿度，有利于茎叶的生长；如果浇水过量、排水不好，根部容易受湿腐烂，轻者叶黄脱落，重者全株蔫萎死亡。栽培金莲花的土壤以疏松、中等肥力和排水良好的沙壤土为宜。

四、种植现状及分布▼

我国金莲花的分布区域主要集中在河北、山西、辽宁、吉林，以及河南北部、内蒙古东部等地。

河北省内的金莲花栽培区域主要分布在承德市的围场满族蒙古族自治县，张家口市的沽源县、崇礼区等地。

五、适宜性区划▼

（一）适宜性评价指标体系

1. 对温度的适宜性

金莲花的生境适宜度在最暖季平均温为 23.8℃时最佳；温度高于 23.8℃时，其生境适宜度随温度升高而减少。最冷季平均温变化范围在 –8 ～ –5.7℃时，金莲花的生境适宜度最佳。最湿季平均温在 27℃时，其生境适宜度最佳。

2. 对水分的适宜性

年平均降水量在 320 ～ 380mm 时，金莲花的生境适宜度随年均降水量的增加而增加；高于 380mm 时，其生境适宜度随年均降水量的升高而逐渐降低。

3. 对海拔的适宜性

海拔在 0 ～ 500m 时，金莲花的生境适宜度随海拔升高而增加；海拔高于 500m 时，金莲花的生境适宜度随海拔升高而减少。

4. 对酸碱度的适宜性

酸碱度在 6.8 ～ 9 时，金莲花的生境适宜度随碱性增加而增加；酸碱度为 9 时，金莲花的生境适宜度最佳。

（二）生态适宜性评价

根据环境因子及相关数据，采用 Maxent 模型预测金莲花生态适宜分布区，利用 GIS 技术将其表现出来。金莲花在河北省区域内的适宜区主要分布在承德市的隆化县、围场满族蒙古族自治县，张家口市的沽源县、万全区、怀来县、蔚县等地；次适宜区主要分布在张家口市的宣化区、保定市的望都县等地。

六、价格波动▼

金莲花的价格在 2019 年 1 月至 2020 年 12 月稳定在 120 元 / 千克；2021 年 1 月至 2022 年 6 月，价格稳定在 100 元 / 千克；2022 年 8 月，价格下降至 90 元 / 千克；2023 年 5 月，价格陡升至 210 元 / 千克并保持稳定，直至 2023 年末。

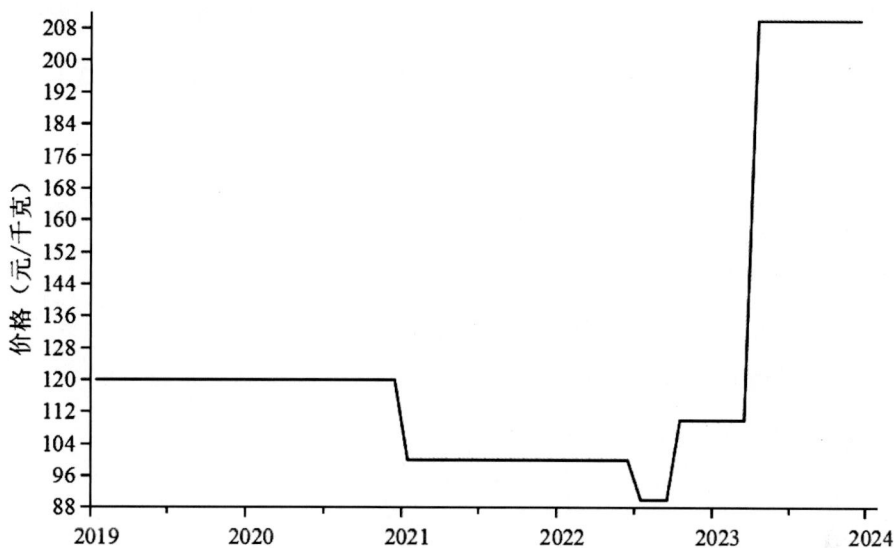

图 6-4-2 金莲花价格波动曲线图

参考文献

[1] 李洪涛，樊锐锋，赵金橡，等.金莲花属植物研究概况[J].中国实验方剂学杂志，2020，26（7）：239-250.

[2] 卢有媛，郭盛，严辉，等.金莲花生态适宜性区划研究[J].中国中药杂志，2018，43（18）：3658-3661.

[3] 郑志新，范翠丽，李继红，等.药用植物金莲花研究现状[J].河北北方学院学报（自然科学版），2018，34（2）：46-48.

[4] 于连云.蒙药金莲花资源分布、种植现状、主要化学成分及药理作用[J].中国民族医药杂志，2016，22（3）：39-41.

[5] 李艳梅.金莲花质量标准规范化研究[D].石家庄：河北师范大学，2012.

[6] 马凯.金莲花的群落特征及其产量与环境因子的关系研究[D].保定：河北农业大学，2011.

金银花

LONICERAE JAPONICAE FLOS

图 6-5-1　金银花植物图

一、来源▼

金银花为忍冬科植物忍冬 *Lonicera japonica* Thunb. 的干燥花蕾或带初开的花。夏初花开放前采收，干燥。《中华人民共和国药典》2020 年版（一部）收载。

二、形态特征▼

忍冬为多年生半常绿藤本。幼枝洁红褐色，密被黄褐色、开展的硬直糙毛、腺毛和短柔毛，下部常无毛。叶纸质，卵形至矩圆状卵形，有时卵状披针形，稀圆卵形或倒卵形，极少有一至数个钝缺刻，长 3 ～ 5（～ 9.5）cm，顶端尖或渐尖，少有钝、圆或微凹缺，基部圆或近心形，有糙缘毛，上面深绿色，下面淡绿色，小枝上部叶通常两面均密被短糙毛，下部叶常平滑无毛而下面多少带青灰色；叶柄长 4 ～ 8mm，密被短柔毛。总花梗通常单生于小枝上部叶腋，与叶柄等长或稍较短，下方者则长达 2 ～ 4cm，密被短柔后，并夹杂腺毛；苞片大，叶状，卵形至椭圆形，长达 2 ～ 3cm，两面均有短柔毛或有时近无毛；小苞片顶端圆形或截形，长约 1mm，为萼筒的 1/2 ～ 4/5，有短糙毛和腺毛；萼筒长约 2mm，无毛，萼齿卵状三角形或长三角形，顶端尖而有长毛，外面和边缘都有密毛；花冠白色，有时基部向阳面呈微红，后变黄色，长（2 ～）3 ～ 4.5（～ 6）cm，唇形，筒稍长于唇瓣，很少近等长，外被多少倒生的开展或半开展糙毛和长腺毛，上唇裂片顶端钝形，下唇带状而反曲；雄蕊和花柱均高出花冠。果实圆形，直径 6 ～ 7mm，熟时蓝黑色，有光泽；种子卵圆形或椭圆形，褐色，长约 3mm，中部有一凸起的脊，两侧有浅的横沟纹。花期 4 ～ 6 月（秋季亦常开花），果熟期 10 ～ 11 月。

三、生物学特性▼

忍冬适应性很强，对土壤和气候的选择并不严格，以土层较厚的沙壤土为最佳；根系发达，生根力强，是一种很好的固土保水植物，山坡、梯田、地堰、堤坝、瘠薄的丘陵都可栽培，酸性，盐碱地均能生长。繁殖忍冬可用播种、插条和分根等方法。忍冬在当年生新枝上孕蕾开花。

四、种植现状及分布▼

我国忍冬的分布区域主要集中在河北、陕西、湖北、江西、广东，以及山东（东南部）、河南（东北部）等地。

河北省内的忍冬栽培区域主要分布在邢台市的巨鹿县、内丘县、临西县、沙河市、平乡县、清河县，邯郸市的武安市、曲周县、广平县，石家庄市的灵寿县、平山县，保定市的满城区、阜平县，张家口市的怀安县，唐山市的迁安市，沧州市的献县等地。

五、适宜性区划▼

（一）适宜性评价指标体系

1. 对温度的适宜性

最暖月最高温在 27.5℃以下时，忍冬的生境适宜度随温度的升高而增加；温度在 27.5℃时，其生境适宜度达到最大值。最冷月最低温变化范围在 –18 ～ 2℃时，忍冬的生境适宜度随着温度升高而增加；在 –18 ～ 2℃时，忍冬的生境适宜度较高。适宜忍冬生长的年平均温度在 2℃以上。

2. 对水分的适宜性

年平均降水量小于 520mm 时，忍冬的生境适宜度随年均降水量的升高而增加；降水量高于 520mm 时，其生境适宜度随年均降水量的升高而减少。

3. 对海拔的适宜性

海拔在 0 ～ 100m 时，忍冬的生境适宜度随海拔升高而增加；海拔在 100m 以上时，其生境适宜度随海拔升高而逐渐减少。

4. 对酸碱度的适宜性

酸碱度在 7.9 时，忍冬的生境适宜度最高；酸碱度大于 7.9 时，其生境适宜度随酸碱度的升高而减少。

（二）生态适宜性评价

根据环境因子及相关数据，采用 Maxent 模型预测忍冬生态适宜分布区，利用 GIS 技术将其表现出来。忍冬在河北省区域内的生态适宜区主要分布在邢台市的巨鹿县、隆尧县、广宗县，邯郸市的大名县、肥乡区等地；次适宜区主要分布在邯郸市的鸡泽县、石家庄市的高邑县、承德市的承德县等地。

六、价格波动▼

金银花的价格在 2019 年 1 月至 6 月稳定在 200 元 / 千克；2019 年 7 月，价格下降至 180 元 / 千克；2019 年 8 月至 2020 年 3 月，价格由 185 元 / 千克陡升至 250 元 / 千克；2020 年 4 月至 7 月，价格从 220 元 / 千克下降至 170 元 / 千克，而后价格稍有回升；到 2021 年 1 月，价格升至 185 元 / 千克；2021 年 2 月至 7 月，价格持续下降至 130 元 / 千克；2023 年 1 月，价格陡升至 200 元 / 千克；2023 年 4 月，价格回落至 145 元 / 千克，而后基本保持稳定，直至 2023 年末。

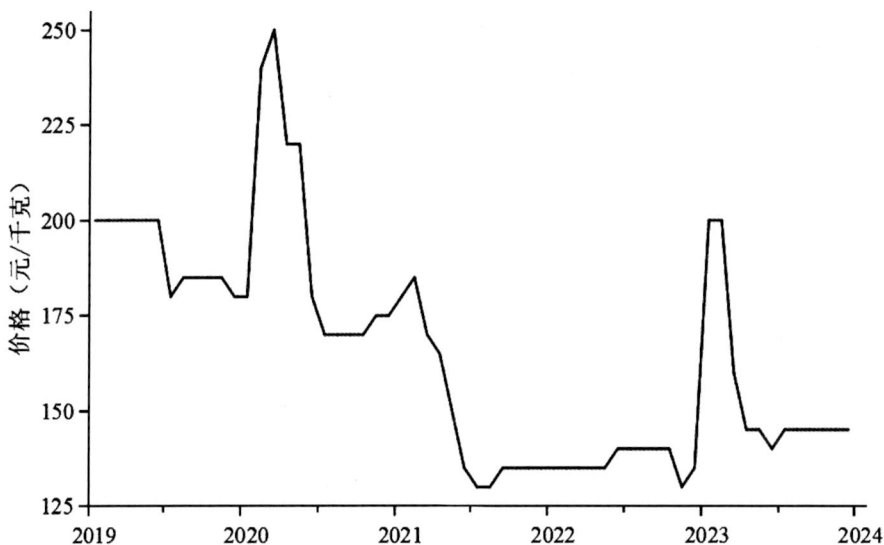

图 6-5-2　金银花价格波动曲线图

参考文献

［1］冯峰，段晓怡，徐美霞，等 . 金银花质量等级标准研究［J］. 食品安全质量检测学报，2020，11（18）：6656-6662.

［2］姜建辉，夏清，杨先忠，等 . 北川引种栽培金银花药材质量评价［J］. 中医药导报，2020，26（8）：16-18.

［3］谭政委，夏伟，许兰杰，等 . 不同品系金银花质量评价［J］. 安徽农业科学，2018，46（25）：168-171.

［4］罗天虎，宋芳 . 基于 GIS 的贵州省绥阳县金银花气候适应性区划［J］. 安徽农业科学，2016，44（11）：198-201.

［5］及华，王琳，张海新，等 . 河北省道地中药材——金银花［J］. 现代农村科技，2020（5）：124.

第七章

菌　类

猪苓

猪苓

POLYPORUS

一、来源▼

猪苓为多孔菌科真菌猪苓 *Polyporus umbellatus*（Pers.）Fries 的干燥菌核。春、秋二季采挖，除去泥沙，干燥。《中华人民共和国药典》2020 年版（一部）收载。

二、形态特征▼

猪苓菌核体呈块状或不规则形状，表面为棕黑色或黑褐色，有许多凸凹不平的瘤状突起及皱纹。内面近白色或淡黄色，干燥后变硬，整个菌核体由多数白色菌丝交织而成；菌丝中空，直径约 3mm，极细而短。子实体生于菌核上，伞形或伞状半圆形，常多数合生，半木质化，直径 5 ～ 15cm 或更大，表面深褐色，有细小鳞片，中部凹陷，有细纹，呈放射状，孔口微细，近圆形；担孢子广卵圆形至卵圆形。

三、生物学特性▼

猪苓喜冷凉、阴郁、湿润，怕干旱，适宜在地温 5 ～ 25℃条件下生长。猪苓在西北产区地温为 17 ～ 19℃时生长良好，10℃时萌发，22℃时子实体开放；华北产区平均地温达 9.5℃时萌发，12℃左右时新苓生长膨大，14℃左右时新苓萌发多，个体增长快。栽培猪苓以土壤含水量为 30% ～ 50%，pH5 ～ 7 的腐殖质土、沙壤土为宜。

四、种植现状及分布▼

我国猪苓的分布区域主要集中在北京、河北、山西、内蒙古、吉林、黑龙江、湖南、甘肃等地。

河北省内的猪苓栽培区域主要分布在保定市的涞源县、安国市，承德市的丰宁满族自治县，张家口市的怀来县、赤城县、万全区、蔚县、崇礼区，邢台市的内丘县，石家庄市的赞皇县等地。

五、适宜性区划▼

（一）适宜性评价指标体系

1. 对温度的适宜性

最暖月最高温低于 30.8℃时，猪苓的生境适宜度保持稳定；温度在 30.8 ～ 33.4℃时，猪苓的生境适宜度随温度升高而逐渐减少。最冷月最低温变化范围在 –24.9 ～ –18.8℃时，猪苓的生境适宜度随着温度升高而增加。适宜猪苓生长的年平均温度范围为 12 ～ 14℃。

2. 对水分的适宜性

年平均降水量在 323 ～ 430mm 时，猪苓的生境适宜度随年均降水量的升高而增加；降水量高于 430mm 时，降水量增加但其生境适宜度保持稳定。

3. 对海拔的适宜性

海拔在 0 ～ 131m 时，猪苓的生境适宜度随海拔升高而增加；在 131 ～ 244m 时，猪苓的生境适宜度随海拔升高而骤降；在 247m 以上时，其生境适宜度保持稳定。

4. 对植被类型的适宜性

猪苓在两年三熟或一年两熟的旱作和落叶果树园、温带草原化灌木荒漠等植被类型下有较高的生境适宜度；寒温带、温带沼泽等植被类型次之；其他植被类型则不适合猪苓生长。

（二）生态适宜性评价

根据环境因子及相关数据，采用 Maxent 模型预测猪苓生态适宜分布区，利用 GIS 技术将其表现出来。猪苓在河北省区域内的生态适宜区主要分布在石家庄市的平山县、灵寿县，邢台市的内丘县等地；次适宜区主要分布在石家庄市的赞皇县、邯郸市的涉县、张家口市的张北县等地。

六、价格波动▼

猪苓的价格在 2019 年 1 月至 2022 年 3 月在 45 ～ 50 元 / 千克波动；2022 年 4 月至 2023 年 11 月，价格持续上升至 130 元 / 千克；2023 年 12 月，价格下降至 120 元 / 千克。

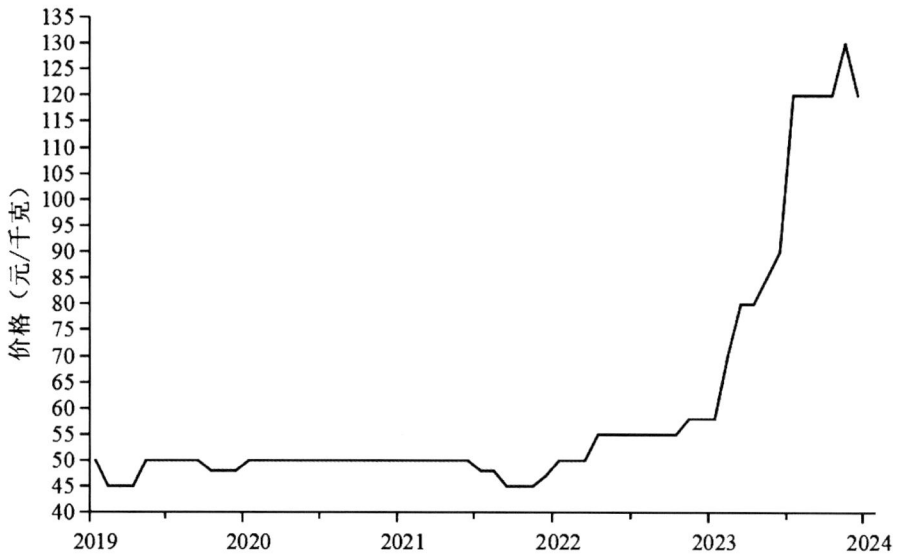

图 7-1-1   猪苓价格波动曲线图

参考文献

［1］马珍璐.猪苓栽培技术及人工菌核分化研究［D］.咸阳：西北农林科技大学，2020.

［2］徐梦馨，郭宏波，廉冬，等.干旱胁迫对猪苓菌丝生长及多糖合成相关酶活性的影响［J］.西北农业学报，2019，28（7）：1179-1186.

［3］王华，周林，郭尚，等.猪苓种质资源特性与产业开发模式研究［J］.北方园艺，2019（11）：143-151.

［4］徐青松，王华，肖晋川，等.林下猪苓半人工高效栽培技术［J］.农村新技术，2019（5）：18-20.

［5］李红光，任高忠，李志昌，等.森林抚育枝条卷棒林下培育猪苓试验研究［J］.农业技术与装备，2017（11）：15-16.

［6］张优，王娟，张杰，等.基于遥感和GIS技术的四川省猪苓适宜性分布范围研究［J］.中国中药杂志，2016，41（17）：3148-3154.

［7］刘蒙蒙，邢咏梅，郭顺星.基于Maxent生态位模型预测药用真菌猪苓在中国潜在适生区［J］.中国中药杂志，2015，40（14）：2792-2795.